高等学校电气工程与自动化类系列教材

电力电子技术综合实践指导

逢海萍　　乔　峰

李振伟　杜春燕
编著

U0169960

西安电子科技大学出版社

内 容 简 介

本书将"电力电子技术"课程的主要实践环节融合在一起,以全方位培养学生实践能力和创新思维能力为目标而编写。

全书共 5 章,第 1 章和第 2 章分别是基于 MATLAB 和 PSpice 的仿真指导,主要涉及仿真软件的使用以及典型电力电子变换电路的仿真;第 3 章是基于求是教仪 NMCL 实验平台的电力电子技术基础实验,主要涉及电力电子变换器的基础硬件实验;第 4 章是综合拓展及创新实验,所涉及的实验属于创新性、设计性的综合提升型实验;第 5 章是课程设计指导。

本书面向电气工程及其自动化、自动化等专业及相近专业的本科生,贯穿整个"电力电子技术"课程教学过程,可以作为实验课、课程设计以及创新实验课等的配套教材,也可以作为研究生和专业教师的参考书。

图书在版编目(CIP)数据

电力电子技术综合实践指导 / 逄海萍等编著. —西安:西安电子科技大学出版社,2021.8
ISBN 978-7-5606-6153-7

Ⅰ.①电… Ⅱ.①逄… Ⅲ.①电力电子技术—高等学校—教学参考资料 Ⅳ.①TM1

中国版本图书馆 CIP 数据核字(2021)第 155285 号

策划编辑　逄海萍
责任编辑　刘小莉
出版发行　西安电子科技大学出版社(西安市太白南路 2 号)
电　　话　(029)88202421　88201467　　　　邮　　编　710071
网　　址　www.xduph.com　　　　　　　电子邮箱　xdupfxb001@163.com
经　　销　新华书店
印刷单位　陕西天意印务有限责任公司
版　　次　2021 年 8 月第 1 版　2021 年 8 月第 1 次印刷
开　　本　787 毫米×1092 毫米　1/16　印张 9.25
字　　数　213 千字
印　　数　1～2000 册
定　　价　24.00 元
ISBN　978-7-5606-6153-7 / TM
XDUP 6455001-1
如有印装问题可调换

前　　言

随着科学技术的迅速发展和高新技术产业的兴起，社会经济发展对应用型工程技术人才提出了更高的需求。高校本科教学改革应借鉴工程教育理念，着眼于学生产出导向，注重学生创新、实践等能力的培养。因此，在提高课堂教学质量的同时，重新审视实践教学的定位，加强实践教学内涵建设，突出学生知识应用能力的训练，是提升人才培养质量的关键所在。

电力电子技术广泛应用于电力系统、新能源发电、交直流调速、各类电源和交通运输等领域。相应的，"电力电子技术"这门课程是电气工程及其自动化、自动化等专业的重要专业基础课，是一门理论与实践相结合而且实践性很强的课程。因此，配合理论教学的电力电子技术实践教学环节不仅可以加深学生对电力电子技术理论知识的理解，而且可以激发学生学习的主动性和积极性，培养学生分析和解决实际工程问题的能力，达到学以致用的目的。

本书是我校老师在多年电力电子技术实践教学中不断探索的成果，其将软件仿真实验、基础实物实验、拓展创新实验以及课程设计等多项实践环节融合在一起，以全方位培养学生实践能力和创新思维能力为目的。

本书共 5 章，包括基于 MATLAB 和基于 PSpice 的仿真指导，基于求是教仪 NMCL 实验平台的电力电子技术基础实验，综合拓展及创新实验以及课程设计指导等内容。本书具有以下特点：

(1) 将电力电子技术主要的实践教学环节融合在一起，将仿真手段贯穿于始终，从简单的主电路单元到开环系统再到闭环系统，从基本的认知到研究性和创新性思维的引导，层层递进，不断深入，使学生得到全面的实践能力和创新思维能力的训练。

(2) 精简以基本实验台为依托的验证性实验项目，注重仿真预习环节，注重仿真与实物实验的衔接和互补，使学生通过实验加深对知识的理解，提高学生分析、归纳、总结和解决问题的能力。

(3) 基于自行设计研发的创新实验装置，配以科学的实验教学设计，使学生得到从设计到仿真，再到系统调试以及性能测试与分析等的全方位的能力训练，系统地培养学生分析问题、解决问题的能力以及研究和创新的能力。

(4) 规划了"课程设计指导"，重在培养学生的工程设计能力以及创新意识。

本书由青岛科技大学逄海萍教授、乔峰博士、李振伟博士、杜春燕博士共同编写，其中，杜春燕编写第 1 章和第 5 章 5.3 节，李振伟编写第 2 章、第 4 章 4.2 节和第 5 章 5.2 节，乔峰编写第 3 章和第 5 章 5.4 节，逄海萍编写第 4 章 4.1 节和第 5 章 5.1 节。全书由逄海萍教授设计和统稿。

在本书编写和出版过程中，浙江求是科教设备有限公司提供了相关资料，在此表示诚挚的谢意。另外，在创新实验装置的开发过程中，陈浩然、张世垣、冷文鹏、刘洋、纪任馨和付琳琳等研究生做了大量工作，在此一并表示感谢。

由于编者水平有限，书中难免存在不足和疏漏之处，敬请广大读者提出批评和宝贵意见，以便今后修订时改进和提高。

编　者

2021 年 6 月于青岛

目　　录

第1章　电力电子电路的MATLAB仿真指导

计算机仿真是学习"电力电子技术"课程的有效工具,可以贯穿应用于课程学习的各个阶段。在理论学习阶段,将电力电子电路理论分析与电路仿真验证相结合,可以使学生对抽象的电路原理有直观深入的认识,同时也方便学生对不同电路类型、不同负载类型和不同驱动方法进行比较和归纳总结;在硬件实验阶段,实验前先进行仿真预习,可以帮助学生明确实验原理和实验难点,避免在实验中陷入操作细节而忽略实验目的;在更加深入的学习和研究中,学生还可以利用仿真技术高效地进行新型电路拓扑结构与各类控制方法的设计与验证。

MATLAB 仿真软件功能强大,易于上手,特别适用于"电力电子技术"课程的仿真学习。本章介绍基于 MATLAB 软件的电力电子电路仿真方法,给出了典型整流、逆变和直流-直流电路的仿真实验指导,使用的软件版本为 MATLAB R2019a。由于 MATLAB 相关书籍较多,本章只介绍与电力电子电路仿真密切相关的内容,如果读者需要了解 MATLAB 基础内容,可以参阅 MATLAB 帮助文件或其他相关书籍。

1.1　基于MATLAB软件的电力电子电路仿真基础

1.1.1　MATLAB 简介

MATLAB 是美国 MathWork 公司出品的商业数学软件,用于数据分析、无线通信、深度学习、图像处理与计算机视觉、信号处理、机器人以及控制系统等领域。Simulink 是 MATLAB 提供的可视化仿真工具箱,具有简单易用、功能齐全的特点。本章主要介绍利用 Simulink 工具箱进行典型电力电子电路图形化仿真的相关知识。

1.1.2　Simulink 仿真环境

Simulink 提供图形编辑器、可自定义的模块库以及求解器,能够进行各类动态系统建模和仿真。Simulink 的 Simscape 模块库提供了常见的电力电子元件,可方便地进行电力电子电路搭建、仿真参数设置以及仿真结果分析。

1. Simulink 仿真环境的基本操作

(1) 运行 MATLAB 软件,出现如图 1.1 所示的 MATLAB 初始界面。

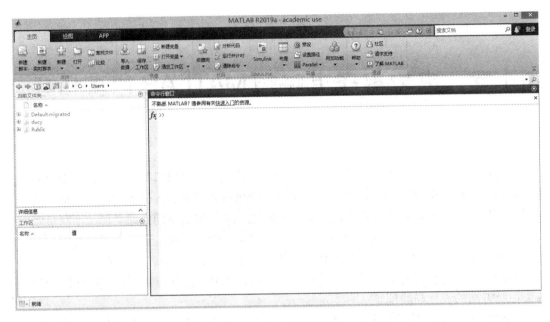

图 1.1　MATLAB 初始界面

(2) 在 MATLAB 初始界面的菜单栏中单击"Simulink"按钮,或在命令行窗口中键入"Simulink",进入 Simulink 初始界面,如图 1.2 所示。在此界面上点击"Blank Model",即可建立新的仿真模型,如图 1.3 所示。通过菜单栏"File"可修改模型名称并保存模型。

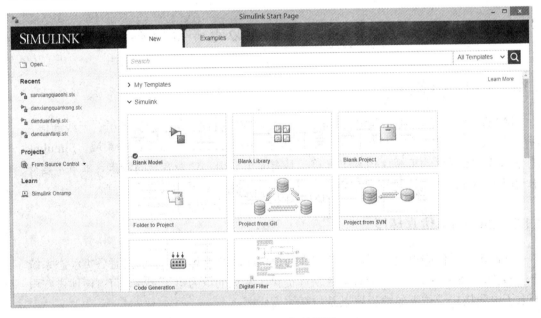

图 1.2　Simulink 初始界面

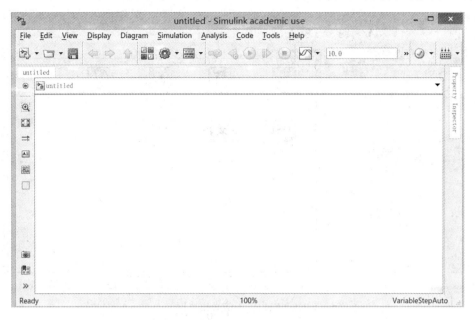

图 1.3　新建 Simulink 仿真模型

在此界面的菜单栏中单击 Library Browser 按钮 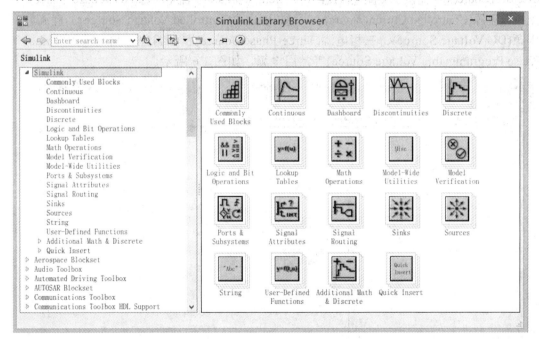 可调出模块库，如图 1.4 所示。拖动模块库中的元件图标至所建立的模型中，即可搭建仿真模型。

图 1.4　模块库

电力电子电路仿真所需模块大部分集中于 Simscape/Electrical/Specialized Power Systems/Fundamental Blocks 路径下，如图 1.5 所示，主要包括电源模块(Electrical Sources)、电气元件模块(Elements)、电力电子元件模块(Power Electronics)、测量模块(Measurements)等。

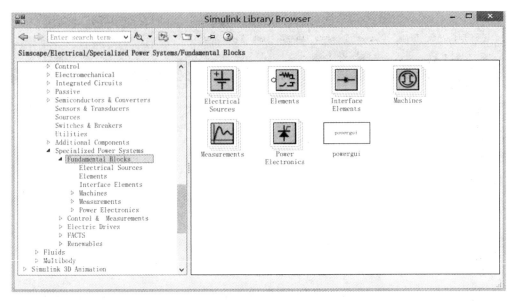

图 1.5　电力电子仿真模块库

2. 电源模块

电源模块(路径 Simscape/Electrical/Specialized Power Systems/Fundamental Blocks/ Electrical Sources)中提供了交流电流源(AC Current Source)、交流电压源(AC Voltage Source)、受控电流源(Controlled Current Source)、受控电压源(Controlled Voltage Source)、直流电压源(DC Voltage Source)、三相电源(Three-Phase Source)和可编程三相电压源(Three-Phase Programmable Voltage Source)等常用电源，如图 1.6 所示。

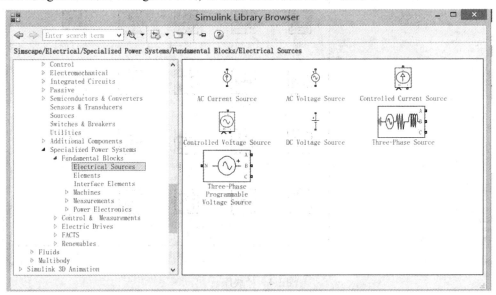

图 1.6　电源模块

将模块添加至模型中后，双击模块，即可进行参数设置。如在三相电源模块的参数设置界面中，可设置线电压、初始相角、频率和中性点连接方式等参数，如图 1.7 所示。

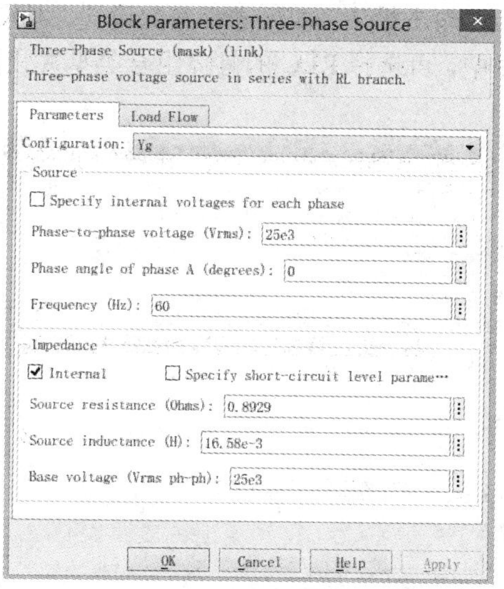

图 1.7　三相电源模块参数设置界面

3. 电气元件模块

电气元件模块(路径 Simscape/Electrical/Specialized Power Systems/Fundamental Blocks/Elements)提供了搭建电路所需的常见电气元件，包括并联 RLC 支路(Parallel RLC Branch)、串联 RLC 支路(Series RLC Branch)、并联 RLC 负载(Parallel RLC Load)、串联 RLC 负载(Series RLC Load)、三相并联 RLC 负载(Three-Phase Parallel RLC Load)和三相串联 RLC 负载(Three-Phase Series RLC Load)等，如图 1.8 所示。

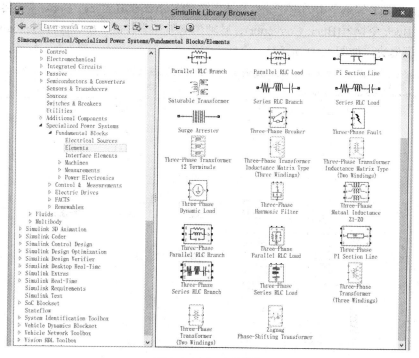

图 1.8　电气元件模块

将模块添加至模型中后,双击模块,即可进行参数设置。以较为常用的并联 RLC 支路为例,在其参数设置界面中,可选择 RLC 的具体组合类型并设置相应的电阻、电感和电容值,如图 1.9 所示。

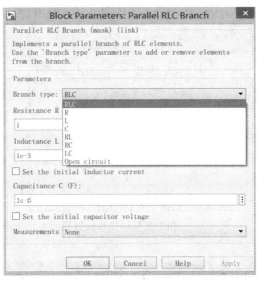

图 1.9　并联 RLC 支路参数设置界面

4. 电力电子元件模块

电力电子元件模块(路径 Simscape/Electrical/Specialized Power Systems/Fundamental Blocks/Power Electronics)提供了常用的电力电子器件,包括二极管(Diode)、晶闸管(Thyristor)、Mosfet、Gto、IGBT 等单个电力电子元件和通用桥臂(Universal Bridge)、Boost 变换器(Boost Converter)、Buck 变换器(Buck Converter)、脉冲信号发生器(Pulse & Signal Generators)等典型电力电子模块,如图 1.10 所示。

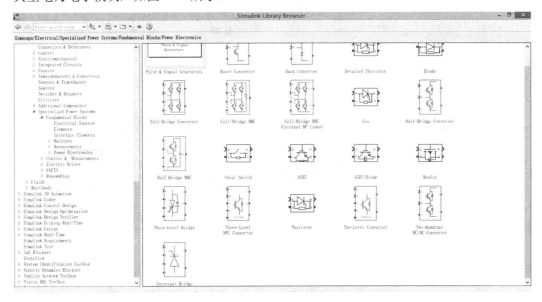

图 1.10　电力电子元件模块

将模块添加至模型中后,双击模块,即可进行参数设置。以通用桥臂(Universal Bridge)为例,在其参数设置界面中,可选择桥臂个数、缓冲电路情况、电力电子开关器件种类等参数,如图 1.11 所示。

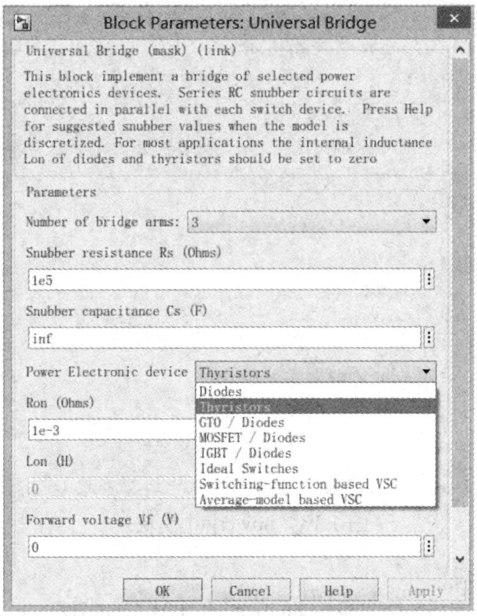

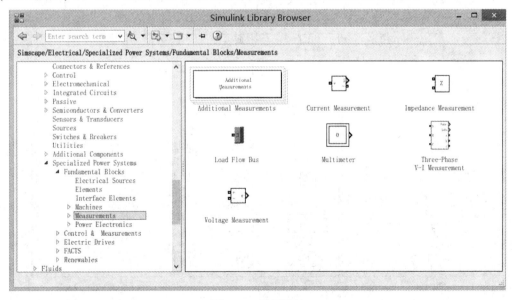

图 1.11　通用桥式电路参数设置界面

5. 测量模块

测量模块中包括电流测量模块(Current Measurement)、电压测量模块(Voltage Measurement)、三相电压电流测量模块(Three-Phase V-I Measurement)和多用测量模块(Multimeter)等,用于测量电路中的电压、电流等参数,如图 1.12 所示。

图 1.12　测量模块

6. powergui 模块

电力电子仿真模型中，必须加入 powergui 模块，用于设置电路仿真采用的仿真算法参数，否则无法进行仿真。图 1.13 所示为默认的连续仿真模式。

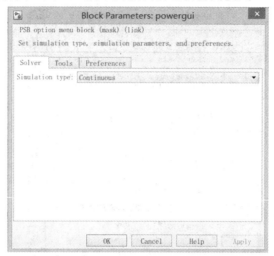

图 1.13　powergui 模块

7. 其他常用元件

Simulink 元件库根目录下的一些元件也是电力电子电路仿真中的常用元件，如输入模块(Simulink/Source，见图 1.14)中的阶跃(Step)、常数(Constant)、脉冲发生器(Pulse Generator)、正弦波(Sine Wave)和时钟输入(Clock)等；输出模块(Simulink/Sinks，见图 1.15)中的示波器(Scope)、工作空间变量写入(To Workspace)等；常用元件库(Simulink/commonly Used Blocks，见图 1.16)中的增益(Gain)、饱和(Saturation)和求和(Sum)等。

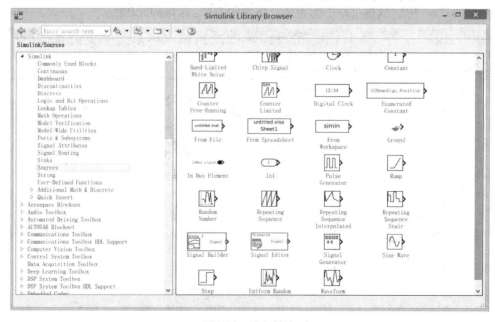

图 1.14　输入模块

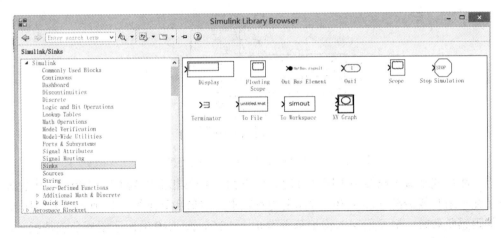

图 1.15　输出模块

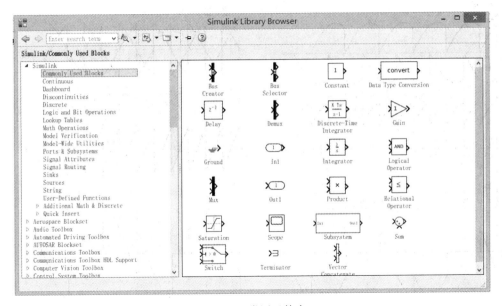

图 1.16　常用元件库

1.2　三相桥式全控整流电路仿真实验

1.2.1　电路原理

三相桥式整流电路是整流电路中应用较为广泛的一种，其电路结构如图 1.17 所示。电路中共有 6 个晶闸管，包括共阴极组 3 个晶闸管(VT_1、VT_3、VT_5)和共阳极组 3 个晶闸管(VT_4、VT_6、VT_2)。负载有电流通过时，共阴极组晶闸管和共阳极组晶闸管各导通一个，且两个晶闸管不能同相。电路正常工作时按 VT_1-VT_2-VT_3-VT_4-VT_5-VT_6 的顺序对晶闸管进行触发，触发脉冲相位依次差 60°。

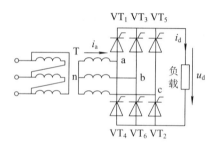

图 1.17　三相桥式整流电路(带电阻负载)

当三相桥式整流电路接纯电阻负载时，触发角 α 的移相范围为 0°～120°，图 1.18 给出了纯电阻负载情况下，$\alpha = 30°$ 时输出的负载电压波形和晶闸管 VT$_1$ 所承受的电压波形。接阻感负载时，触发角 α 的移相范围为 0°～90°，图 1.19 给出了阻感负载情况下，$\alpha = 90°$ 时输出的负载电压波形和晶闸管 VT$_1$ 所承受的电压波形。

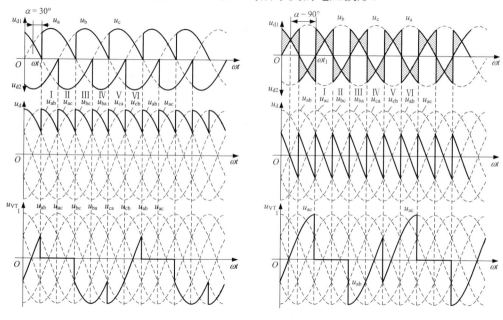

图 1.18　三相整流桥纯电阻负载 $\alpha = 30°$　　　图 1.19　三相整流桥阻感负载 $\alpha = 90°$

当三相桥式整流电路接入理想阻感负载或接入纯电阻负载，且 $\alpha \leqslant 60°$ 时，输出的平均整流电压 $U_d = 2.34U_2 \cos\alpha$；当该电路接入纯电阻负载，且 $\alpha > 60°$ 时，输出的平均整流电压 $U_d = 2.34U_2[1 + \cos(\frac{\pi}{3} + \alpha)]$。

1.2.2　模型搭建

在 Simulink 中搭建三相桥式整流电路仿真模型，如图 1.20 所示。主电路元件包括交流电压源(AC Voltage Source)、通用桥臂(Universal Bridge)、串联 RLC 支路(Series RLC Branch)；驱动电路主要元件包括锁相环(PLL)、晶闸管 6 脉冲发生器(Pulse Generator Thyristor 6-Pulse)；测量元件包括电压测量模块、电流测量模块、三相电压电流测量模块、均值模块以及示波器等。

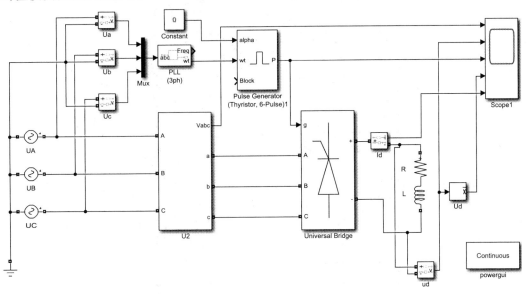

图 1.20　三相桥式整流电路仿真模型

1. 交流电压源(AC Voltage Source)设置

交流电压源模块的路径为 Simscape/Electrical/Specialized Power Systems/Fundamental Blocks/Electrical Sources。模型中的三相交流电压源由三个独立的交流电压源搭建，各电压源电压峰值设为 311 V，初始相位依次滞后 120° 电角度。A 相交流电压源模块参数设置如图 1.21 所示。

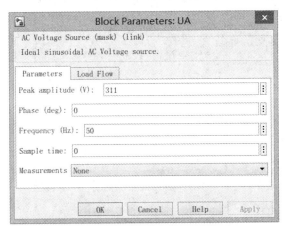

图 1.21　A 相交流电压源参数设置

2. 通用桥臂(Universal Bridge)设置

通用桥臂模块的路径为 Simscape/Electrical/Specialized Power Systems/Fundamental Blocks/Power Electronics。设置桥臂数为 3，开关器件为晶闸管，主要参数设置如图 1.22 所示。

图 1.22 通用桥臂主要参数设置

3. 串联 RLC 支路(Series RLC Branch)设置

串联 RLC 支路模块的路径为 Simscape/Electrical/Specialized Power Systems/Fundamental Blocks/Elements。可按仿真需求设置为纯电阻负载或阻感负载，参数设置如图 1.23 所示(此时设置的负载是 20 Ω 电阻与 0.5 H 电感串联)。

图 1.23 串联 RLC 支路参数设置

4. 锁相环(PLL)设置

锁相环(PLL)模块的路径为 Simscape/Electrical/Specialized Power Systems/Control & Measurements/PLL。该模块为脉冲发生器提供三相交流电压源的相位信息，输入为三相交流电压测量值，输出的相位信息接入晶闸管 6 脉冲发生器的相位输入。参数设置中需将模块默认频率 60 Hz 改为 50 Hz。

5. 晶闸管 6 脉冲发生器(Pulse Generator Thyristor 6-Pulse)设置

晶闸管 6 脉冲发生器模块的路径为 Simscape/Electrical/Specialized Power Systems/ Control & Measurements/Pulse & Control Generators。该模块为晶闸管整流桥提供触发脉冲,输入为 PLL 提供的三相交流电压相位、用常数模块设置的移相触发角 α。参数设置如图 1.24 所示,采用双脉冲触发形式。

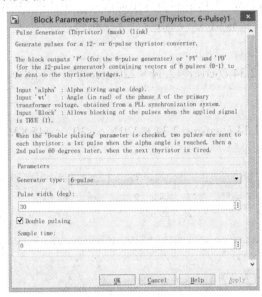

图 1.24　晶闸管 6 脉冲发生器参数设置

6. 平均(Mean)设置

平均(Mean)模块用于测量负载电压的平均值,具体设置如图 1.25 所示。三相桥式整流电路为 6 脉冲波整流,故可将负载电压的基波频率设为 300 Hz。

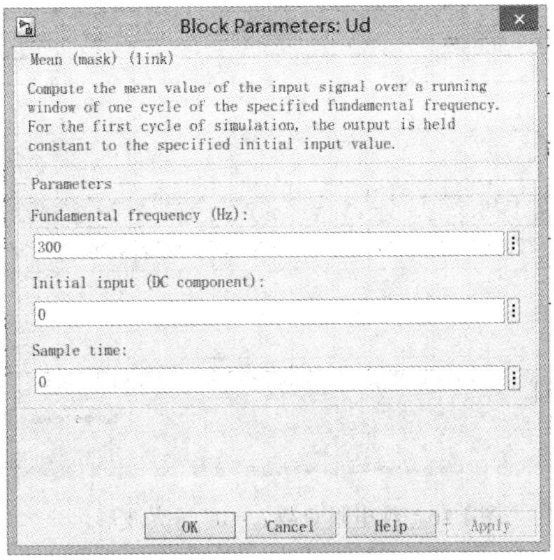

图 1.25　平均参数设置

1.2.3　仿真结果

1. 纯电阻负载

设置负载为 20 Ω 纯电阻。仿真时间设为 0.1 s，仿真算法为默认算法。图 1.26 和图 1.27 分别为 $\alpha = 0°$ 和 $\alpha = 30°$ 时所得的仿真波形，图中由上至下分别显示了三相电压波形、负载电压波形、负载电压平均值和负载电流波形。电压波形与理论分析的一致，电流波形与电压波形一致，负载电压平均值与计算值相符。

当 $\alpha = 0°$ 时：

$$U_d = 2.34\ U_2\cos\alpha = 2.34 \times 220 \times \cos0° = 514.8\ \text{V} \tag{1.1}$$

当 $\alpha = 30°$ 时：

$$U_d = 2.34\ U_2\cos\alpha = 2.34 \times 220 \times \cos30° = 445.8\ \text{V} \tag{1.2}$$

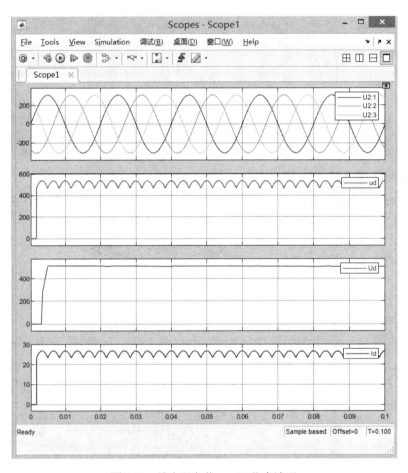

图 1.26　纯电阻负载 $\alpha = 0°$ 仿真波形

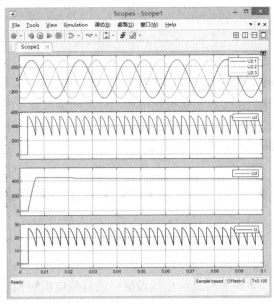

图 1.27　纯电阻负载 $\alpha = 30°$ 仿真波形

2. 阻感负载

设置负载为 20 Ω 电阻与 0.5 H 电感。图 1.28 给出了 $\alpha = 90°$ 时所得的仿真波形，电压波形与理论分析的一致，电流波形基本稳定，负载电压平均值降至 5 V 附近。负载电压的理论计算结果为

$$U_d = 2.34 \times U_2 \times \cos\alpha = 2.34 \times 220 \times \cos90° = 0 \text{ V} \tag{1.3}$$

可见仿真值与计算值略有差异。这是因为理论计算假设晶闸管的开关特性为理想特性，即电感值无限大，而仿真中并未做此假设。

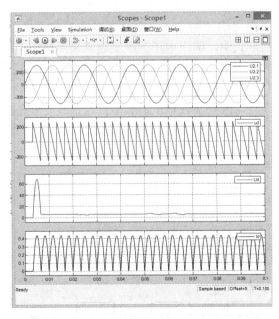

图 1.28　阻感负载 $\alpha = 90°$ 仿真波形

1.2.4 练习

搭建三相桥式整流电路仿真模型，并完成以下仿真任务：

(1) 在电阻负载和阻感负载两类情况下，取 $\alpha = 0°$、$\alpha = 30°$、$\alpha = 60°$、$\alpha = 90°$ 和 $\alpha = 120°$，记录相应的输出波形和平均负载电压，验证两类负载下的移相范围。

(2) $\alpha = 0°$ 和 $\alpha = 60°$ 时，记录晶闸管 6 脉冲发生器输出的脉冲波形，并与三相交流电压波形相比较，说明触发延迟角 α 的定义。

1.3 单相电压型全桥逆变电路仿真实验

1.3.1 电路原理

单相电压型全桥逆变电路可将直流电压源提供的直流电能转换为交流电能施加到负载，如图 1.29 所示。电路包括四个桥臂，当桥臂 1 和 4 导通时，施加到负载两端的电压为 U_i；桥臂 2 和 3 导通时，施加到负载两端的电压为 $-U_i$。两组桥臂交替导通，负载得到交变电压。

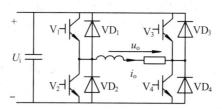

图 1.29　单相电压型全桥逆变电路

单相电压型全桥逆变电路的控制方式主要有方波控制方式和正弦 PWM(SPWM) 调制控制方式。在方波控制方式中，输出电压的改变通常采用移相调压方式。在移相调压方式中，一个开关周期内各个开关管件导通 180°，关断 180°。其中，V_1 和 V_2 的驱动信号互补，V_3 与 V_4 的驱动信号互补，V_3 的驱动信号滞后 V_1 的驱动信号 θ 角，如图 1.30 所示。通过改变开关周期，可改变负载电压的频率；通过改变 θ 角的大小，可改变负载电压的有效值。

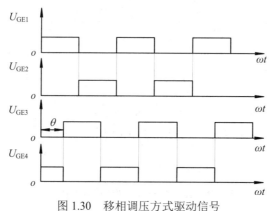

图 1.30　移相调压方式驱动信号

在 SPWM 调制控制方式中,可采用双极性调制方式。正弦波为调制波,三角波为载波,当调制波高于载波时,V_1 和 V_4 导通,反之则 V_2 和 V_3 导通,如图 1.31 所示。改变调制波的频率和幅值,即可改变负载电压的频率和幅值。

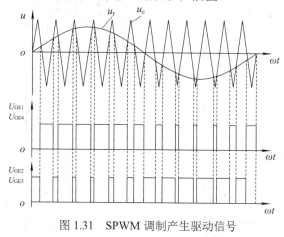

图 1.31　SPWM 调制产生驱动信号

1.3.2　模型搭建

在 Simulink 中搭建单相电压型全桥逆变电路仿真模型,采用移相调压方式的仿真模型如图 1.32 所示,采用 SPWM 调制驱动方式的仿真模型如图 1.33 所示。其中,主电路元件包括直流电压源(DC Voltage Source)、带反并联二极管的 IGBT(IGBT/Diode)、串联 RLC 支路(Series RLC Branch),测量元件包括电压测量模块、电流测量模块以及示波器等。

在驱动电路中,当采用移相调压方式时,由 4 个独立的脉冲发生器(Pulse Generator)给出驱动信号;采用 SPWM 调制驱动方式时,驱动电路包含正弦波模块(Sine Wave),三角波模块(Triangle Generator)和选择模块(Switch)等。

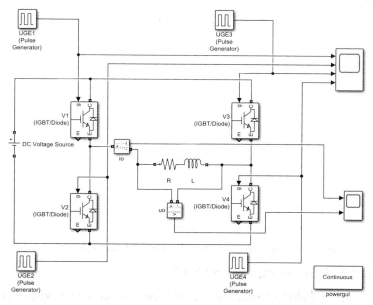

图 1.32　单相电压型全桥逆变电路仿真模型(移相调压)

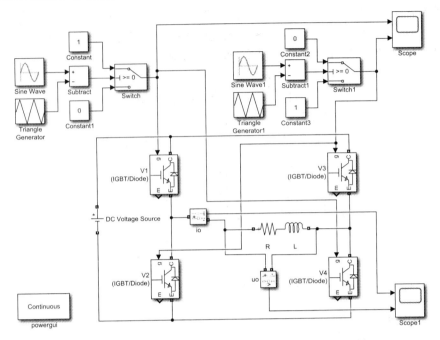

图 1.33　单相电压型全桥逆变电路仿真模型(SPWM 调制)

1. 直流电压源(DC Voltage Source)设置

直流电压源模块的路径为 Simscape/Electrical/Specialized Power Systems/Fundamental Blocks/Electrical Sources。直流电压幅值可在模块参数中设置，此处设置为 100 V。

2. 带反并联二极管的 IGBT(IGBT/Diode)设置

带反并联二极管的 IGBT 模块的路径为 Simscape/Electrical/Specialized Power Systems/Fundamental Blocks/Power Electronics。模块参数采用默认值，如图 1.34 所示。

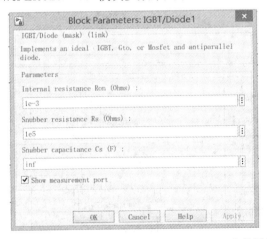

图 1.34　带反并联二极管的 IGBT(IGBT/Diode)参数设置

3. 串联 RLC 支路(Series RLC Branch)设置

串联 RLC 支路模块的路径为 Simscape/Electrical/Specialized Power Systems/Fundamental Blocks/Elements，此模块设置为阻感负载形式，参数设置如图 1.35 所示(电阻为 5 Ω、电

感为 0.02 H)。

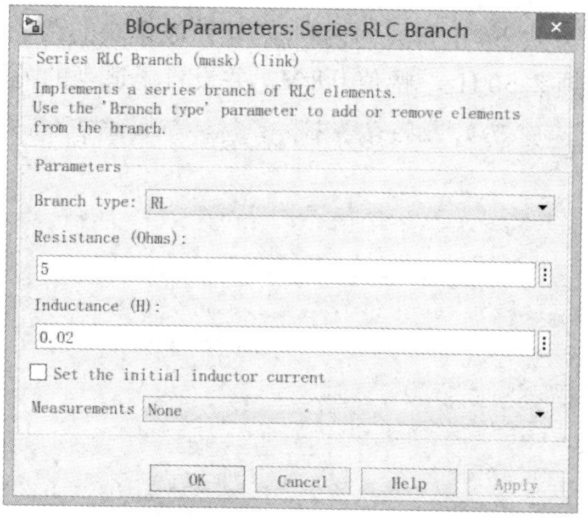

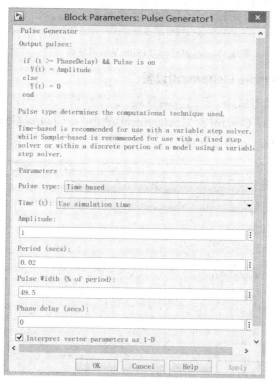

图 1.35　串联 RLC 支路(Series RLC Branch)参数设置

4. 脉冲发生器(Pulse Generator)设置

在移相调压方式下，脉冲发生器模块的路径为 Simscape/Electrical/Specialized Power Systems/ Control & Measurements/Pulse & Control Generators。仿真中采用 4 个独立的脉冲发生器为 4 个 IGBT 提供驱动脉冲，按图 1.30 方式进行驱动信号分配。开关周期为 0.02 s，V_3 脉冲滞后 V_1 时长可在 0～0.01 s 内设置(对应 θ 为 0～180°)。V_1 的驱动脉冲设置如图 1.36 所示。

图 1.36　脉冲发生器(Pulse Generator)参数设置(以 V_1 为例)

5. 正弦波模块(Sine Wave)设置

在 SPWM 调制驱动方式下,正弦波为调制波。正弦波模块的路径为 Simulink/Sources,仿真中, 正弦波设置为频率 50 Hz, 幅值 0.8 V, 并设置了适当的死区,如图 1.37 所示。

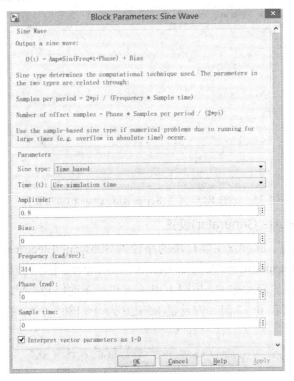

图 1.37　正弦波模块(Sine Wave)参数设置

6. 三角波模块(Triangle Generator)设置

在 SPWM 调制驱动方式下,三角波为载波。三角波模块的路径为 Simscape/Electrical/ Specialized Power Systems/ Control & Measurements/Pulse & Control Generators。仿真中, 三角波设置为频率 1000 Hz, 初始相位 90°, 三角波幅值为 1(默认),如图 1.38 所示。

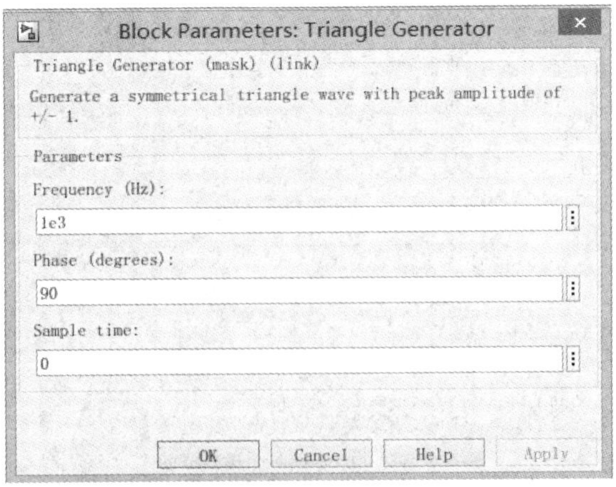

图 1.38　三角波模块(Triangle Generator)参数设置

1.3.3　仿真结果

1. 移相调压方式 θ=180°

在移相调压方式中，设置开关周期为 0.02 s，V_3 驱动信号滞后 V_1 驱动信号 0.01 s，即 $\theta = 180°$，其驱动信号如图 1.39 所示。此时 1、4 桥臂和 2、3 桥臂轮流导通半个周期，负载电压为幅值 100 V 的方波。设置仿真时间 0.06 s，仿真算法为默认算法。图 1.40 给出了负载电流和负载电压的波形。

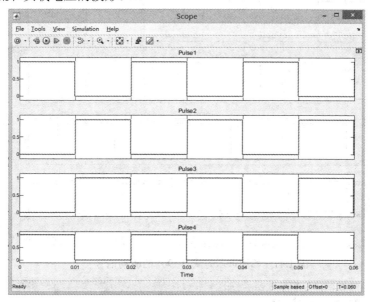

图 1.39　移相调压方式 θ=180° 的驱动信号

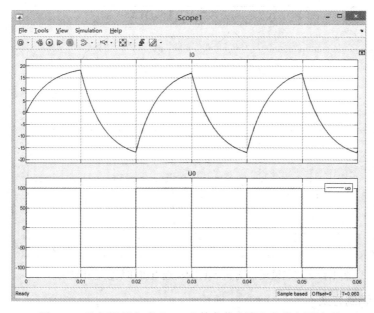

图 1.40　移相调压方式 θ=180° 的负载电流和负载电压波形

2. 移相调压方式 $\theta=90°$

设置 V_3 驱动信号滞后 V_1 驱动信号 0.005 s，即 $\theta=90°$，其驱动信号如图 1.41 所示。此时，负载电压波形中出现了瞬时值为 0 的阶段，负载电压的有效值下降。设置仿真时间 0.06 s，仿真算法为默认算法。图 1.42 给出了负载电流和负载电压的波形。

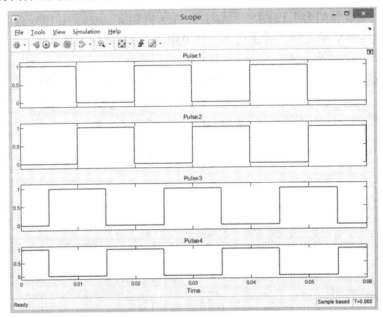

图 1.41　移相调压方式 $\theta=90°$ 的驱动信号

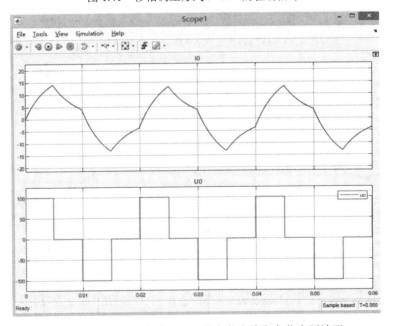

图 1.42　移相调压方式 $\theta=90°$ 的负载电流和负载电压波形

3. SPWM 调制方式

设置仿真时间为 0.04 s，仿真算法为默认算法。驱动信号由正弦波和三角波调制得到，如图 1.43 所示。图 1.44 给出了负载电流和负载电压的波形，负载电流接近正弦波，可见负载电压的低频谐波与移相调压方式所得到的电压相比大大降低；负载电流的频率与正弦波一致，负载电流的幅值与正弦波的幅值相关。需要指出的是，为了使电压和电流波形的显示更具说明性，此例中载波比设置较小，所以电流波形可以看到明显的毛刺高频脉动。

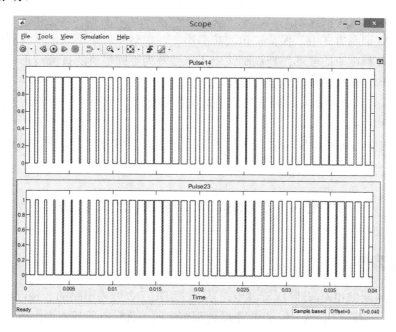

图 1.43　SPWM 调制方式产生的驱动信号

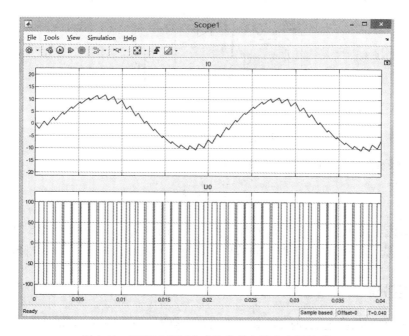

图 1.44　SPWM 调制方式的负载电流和电压波形

1.3.4 练习

搭建单相电压型全桥逆变仿真电路模型，并完成以下仿真任务：

(1) 移相调压方式中，改变 θ 的大小，观察并记录负载电压波形，验证 θ 的取值范围；在仿真模型中增添适当元件，观察并记录 θ 取不同值时的基波频率和基波幅值，说明频率和幅值与 θ 大小的关系。

(2) SPWM 调制方式中，保持三角波频率不变，观察并记录不同正弦波频率和幅值下负载电压和负载电流的波形；把调制波由正弦波变为不同幅值的直流波形，观察并记录负载电流波形，分析负载电流波形变化的原因。

(3) 思考采取什么措施可以降低输出电流的高频脉动，获得更平滑的正弦波。试用仿真进行验证和说明。

(4) 分别对方波逆变和 SPWM 逆变的输出电压进行谐波分析，并进行对比讨论。

1.4 Buck-Boost 斩波电路仿真实验

1.4.1 电路原理

Buck-Boost 斩波电路(升降压斩波电路)是直接 DC-DC 变换电路的一种，电路结构如图 1.45 所示。当电路中电感 L 值和电容 C 值都较大时，负载电压基本为恒值，其幅值受电力电子开关器件占空比控制。

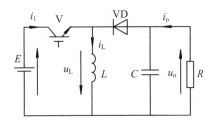

图 1.45 Buck-Boost 电路

当负载电流连续时，负载电压平均值为

$$U_{\mathrm{o}} = \frac{\alpha}{1-\alpha}E \tag{1.4}$$

式中，E 为直流电压源幅值，α 为开关器件驱动信号的占空比。当 $0<\alpha<0.5$ 时，负载电压比电源电压低；当 $0.5<\alpha<1$ 时，负载电压比电源电压高，即可以实现升降压功能。

1.4.2 模型搭建

在 Simulink 中搭建 Buck-Boost 斩波电路仿真模型，如图 1.46 所示。主电路元件包括直流电压源(DC Voltage Source)、IGBT、二极管(Diode)和串联 RLC 支路(Series RLC

Branch)，驱动元件为脉冲发生器(Pulse Generator)，测量元件包括电压测量模块、电流测量模块以及示波器等。

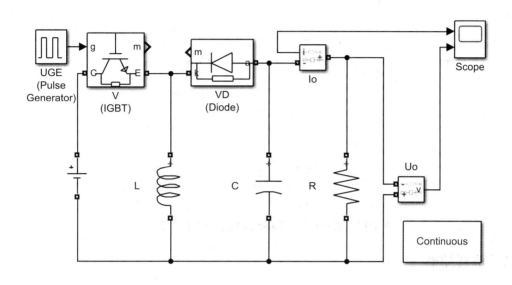

图 1.46　Buck-Boost 斩波电路仿真模型

1. 直流电压源(DC Voltage Source)设置

直流电压源模块的路径为 Simscape/Electrical/Specialized Power Systems/Fundamental Blocks/Electrical Sources。直流电压幅值可在模块参数中设置，此处设置为 50 V。

2. IGBT 模块设置

IGBT 模块的路径为 Simscape/Electrical/Specialized Power Systems/Fundamental Blocks/Power Electronics。模块参数采用默认值。

3. 二极管模块(Diode)设置

二极管模块的路径为 Simscape/Electrical/Specialized Power Systems/Fundamental Blocks/Power Electronics。模块参数采用默认值。

4. 串联 RLC 支路(Series RLC Branch)设置

仿真模型中的电阻、电感和电容都采用串联 RLC 支路模块，该模块的路径为 Simscape/Electrical/Specialized Power Systems/Fundamental Blocks/Elements。仿真模型(见图 1.46)中的电感、电容和电阻分别设置为 0.005 H、0.001 F 和 20 Ω。

5. 脉冲发生器(Pulse Generator)设置

脉冲发生器模块的路径为 Simscape/Electrical/Specialized Power Systems/Control & Measurements/Pulse & Control Generators。仿真中驱动脉冲周期设为 0.00005 s，占空比取值在 0~1 之间。在图 1.47 中，占空比设为 90 %。

图 1.47　脉冲发生器(Pulse Generator)参数设置

1.4.3　仿真结果

1. α>0.5 的升压工作方式

设置占空比 $\alpha = 0.9$，此时 Buck-Boost 电路工作在升压状态，负载电压理论值为

$$U_{\mathrm{o}} = \frac{\alpha}{1-\alpha}U_{\mathrm{i}} = \frac{0.9}{1-0.9}\times 50 = 450\ \mathrm{V} \tag{1.5}$$

负载电流 i_{o} 和负载电压 u_{o} 的仿真波形如图 1.48 所示，此时输出的负载电压大于输入电压。注意在运行初期，电压和电流的过渡过程，是由于储能元件电容 C 和电感 L 未达到稳态；仿真得到的负载电压和负载电流的稳态值与理论计算值略有偏差，是因为在理论计算时做了很多假设，如电容值和电感值为无穷大，电力电子开关为理想开关特性等。

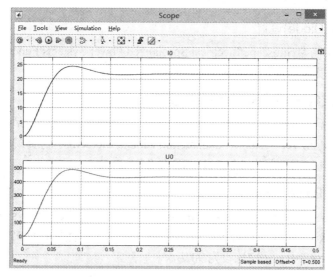

图 1.48　Buck-Boost 电路负载电压和负载电流的波形(占空比 0.9)

2. α=0.5 时的工作方式

设置占空比 $\alpha = 0.5$，此时 Buck-Boost 电路负载电压理论值为

$$U_{\text{o}} = \frac{\alpha}{1-\alpha} U_{\text{i}} = \frac{0.5}{1-0.5} \times 50 = 50 \text{ V} \tag{1.6}$$

电路输出平均电压与输入电压相等。负载电流 i_{o} 和负载电压 u_{o} 的仿真波形如图 1.49 所示。

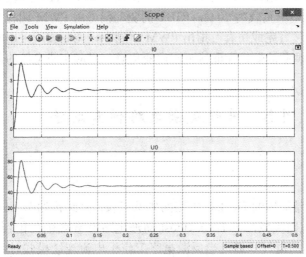

图 1.49　Buck-Boost 电路负载电压和负载电流的波形(占空比 0.5)

3. α<0.5 的降压工作方式

设置占空比 $\alpha = 0.1$，此时 Buck-Boost 电路工作在降压状态，负载电压理论值为

$$U_{\text{o}} = \frac{\alpha}{1-\alpha} U_{\text{i}} = \frac{0.1}{1-0.1} \times 50 = 5.56 \text{ V} \tag{1.7}$$

负载电流 i_{o} 和负载电压 u_{o} 的仿真波形如图 1.50 所示,此时输出的负载电压小于输入电压。

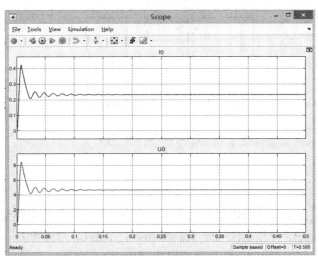

图 1.50　Buck-Boost 电路负载电压和负载电流的波形(占空比 0.1)

1.4.4　练习

(1) 仿照 Buck-Boost 斩波电路的仿真实例，搭建 Buck 电路仿真模型。供电直流电压幅值为 50 V，接纯电阻负载为 20 Ω，使用脉冲发生器给 IGBT 提供驱动信号，完成仿真，并指出占空比 α 在 0.1～0.9 之间变化时，负载电压的调节范围。

(2) 仿照 Buck-Boost 斩波电路的仿真实例，搭建 Boost 电路仿真模型。供电直流电压幅值为 50 V，接纯电阻负载为 20 Ω。IGBT 的驱动信号由 PWM 调制方式产生，载波采用幅值为 1 的三角波。完成仿真，指出 PWM 调制中，调制波所采用的形式及其电压幅值取值范围；指出调制波幅值在取值范围内变化时，对应负载电压的调节范围。

1.5　单端反激电路仿真实验

1.5.1　电路原理

单端反激电路是带隔离的 DC-DC 电路的典型代表，其结构如图 1.51 所示。该电路与 Buck-Boost 斩波电路类似，在 Buck-Boost 斩波电路电感位置改用变压器进行耦合，实现了输出和输入端的电气隔离。当反激电路工作于电流连续模式时，负载电压可表示为

$$U_o = \frac{N_2}{N_1} \cdot \frac{\alpha}{1-\alpha} U_i \tag{1.8}$$

式中，U_i 为输入直流电压幅值，$\frac{N_2}{N_1}$ 为变压器变比，α 为开关器件驱动信号的占空比。

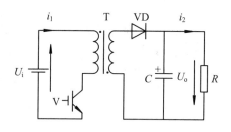

图 1.51　单端反激电路原理图

1.5.2　模型搭建

在 Simulink 中搭建单端反激电路仿真模型，如图 1.52 所示。主电路元件包括直流电压源(DC Voltage Source)、变压器(Linear Transformer)、IGBT、二极管(Diode)和串联 RLC 支路(Series RLC Branch)，驱动元件为脉冲发生器(Pulse Generator)，测量元件包括电压测量模块、电流测量模块以及示波器等。

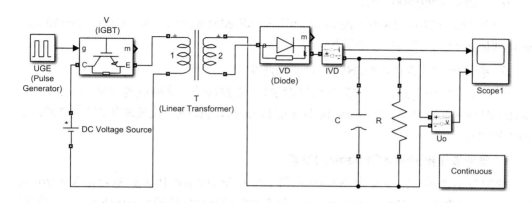

图 1.52　单端反激电路仿真模型

1. 直流电压源(DC Voltage Source)设置

直流电压源模块的路径为 Simscape/Electrical/Specialized Power Systems/Fundamental Blocks/Electrical Sources。直流电压幅值可在模块参数中设置，此处设置为 50 V。

2. 变压器(Linear Transformer)设置

变压器模块的路径为 Simulink/Simscape/Electrical/Specialized Power Systems/Fundamental Blocks/Elements。该模块参数设置如图 1.53 所示，按此参数变压器的电压变比为 2∶1。

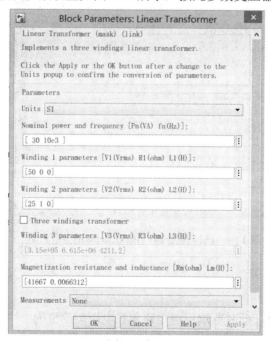

图 1.53　变压器(Linear Transformer)参数设置

3. IGBT 模块设置

IGBT 模块的路径为 Simscape/Electrical/Specialized Power Systems/Fundamental Blocks/Power Electronics。模块参数采用默认值。

4. 二极管模块(Diode)设置

二极管模块的路径为 Simscape/Electrical/Specialized Power Systems/Fundamental Blocks/Power Electronics。模块参数采用默认值。

5. 串联 RLC 支路(Series RLC Branch)设置

仿真模型中的电阻和电容都采用串联 RLC 支路模块，该模块的路径为 Simscape/Electrical/Specialized Power Systems/Fundamental Blocks/Elements。此处设置电容为 0.001 F，电阻为 20 Ω。

6. 脉冲发生器(Pulse Generator)设置

脉冲发生器模块的路径为 Simscape/Electrical/Specialized Power Systems/Control & Measurements/Pulse & Control Generators。仿真中驱动脉冲周期设为 0.00005 s，占空比取值在 0 和 1 之间。图 1.54 中，占空比设为 50 %。

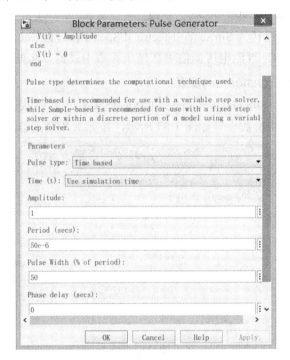

图 1.54　脉冲发生器(Pulse Generator)参数设置

1.5.3　仿真结果

设置占空比 $\alpha = 0.5$，此时单端反激电路负载电压理论值为

$$U_o = \frac{N_2}{N_1} \cdot \frac{\alpha}{1-\alpha} U_i = \frac{1}{2} \times \frac{0.5}{1-0.5} \times 50 = 25 \text{ V} \tag{1.9}$$

二极管电流 i_{VD} 和负载电压 u_o 的仿真波形如图 1.55 所示，此时输出的负载电压小于理论计算值。

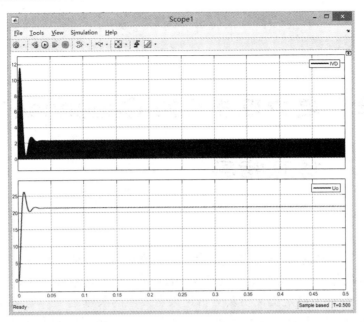

图 1.55　单端反激电路二极管电流和负载电压波形(占空比 0.5)

1.5.4　练习

(1) 仿照单端反激电路的仿真实例搭建单端反激电路的仿真模型。供电直流电压幅值为 24 V，接纯电阻负载为 10 Ω，使用脉冲发生器给 IGBT 提供驱动信号。指出占空比 α 在 0.1 到 0.9 之间变化时，负载电压的调节范围。

(2) 当 α 取 0.1、0.5 和 0.9 时，观察二极管两端的电压波形和流经二极管的电流波形。

(3) 当 α 取 0.1、0.5 和 0.9 时，观察变压器原边和副边的电压波形和电流波形，考虑能量是怎样储存和释放的。

第2章　电力电子电路 Cadence/PSpice 仿真指导

在电力电子系统的设计及产品研发过程中，仿真分析在前期方案验证及参数优化中发挥着非常重要的作用。考虑到电力电子电路的开关特性和功率特性，保证仿真模型尽可能地接近实际硬件电路是提高仿真分析结果有效性的关键之一。与第 1 章介绍的 MATLAB/Simulink 软件相比，Cadence/PSpice 软件具有较为强大的硬件建模及分析能力，非常适合电力电子系统的仿真研究。

本章主要介绍 PSpice 软件的基本使用方法及在电力电子开关变换器中的应用。本章在介绍该软件四项典型分析功能的基础上，以降压型变换器(Buck)和反激变换器(Flyback)作为基本拓扑，展开电力电子系统的开环、闭环仿真例程，并设置了多项练习内容作为教学参考。本章所涉及的内容，可作为"电力电子技术"课程仿真研习或者硬件实验预习环节的参考，也可作为综合拓展、创新实验的基础仿真教学内容。

2.1　Cadence/PSpice 软件使用基础

PSpice 是对电子系统设计方案进行仿真分析与优化设计的一款著名软件，自推出以来，经历了多次变革，其中最为经典的是 Cadence/PSpice，PSpice 经过不断地完善和更新，形成了集电路图绘制(Capture)、电路模拟(PSpice AD)、模拟结果分析(Probe)、高级分析(PSpice AA)等功能为一体的综合电子系统仿真软件。截至今天，PSpice 软件已经成为电子系统的一种通用模拟工具，大部分电子器件、集成芯片厂商均会提供其主要产品的 PSpice 仿真模型，以便于用户能够快速地应用其产品进行研发制作。基于精准的仿真模型，利用 PSpice 软件进行前期原理设计、分析验证、优化设计方案，将会使产品的研发制造过程变得更加便捷，从而缩短其研发周期。

电力电子电路是一种特殊的电子系统，具有开关性、功率性的特点。在对其进行仿真分析时，一方面，我们要关注功率器件的开关特性，例如开关时间、开关损耗、开关应力、软开关特性等；另一方面，我们还要关注电力电子整体系统的静态指标和暂态响应性能，例如输出静差、负载扰动响应、输入扰动响应、环路稳定性等。基于 PSpice 软件，利用厂家提供的具体型号功率器件的仿真模型，便于我们分析驱动电路与功率器件的开关特性，从而优化驱动电路的设计，同时也可以为热设计提供参考依据。在系统分析方面，PSpice 软件提供了与 MATLAB/Simulink 软件的接口，可以实现二者协同仿真，即利用 Simulink 软件强大的计算能力与 PSpice 软件强大的电路模拟能力，完成对整个电力电子系统的仿真验证与优化设计。

2.1.1　直流分析(DC Sweep)

PSpice 软件的直流分析(DC Sweep)功能是对电路的直流增益进行分析，可以设置一个自变量，获取自变量在设置范围内变化时电路的输出特性。除了设置自变量以外，还可以设置一个参变量，以获取不同参变量下电路输出对自变量的增益特性。在本节，以一个电压源和电阻构成的简单回路为例，介绍 PSpice 的直流分析功能。同时，详细介绍 PSpice Capture 软件的操作方法。

打开 Capture CIS Lite 软件，即可看到如图 2.1 所示的 Capture 软件主界面，包含菜单栏、快捷工具栏、元器件选择区域、信息窗口等部分。其中，菜单栏为文件处理、软件参数设置、放置元器件操作等选项的集中区域，快捷工具栏提供了一些常用的快捷工具，元器件选择区域为常用的元器件选项，信息窗口实时显示软件当前的运行信息。

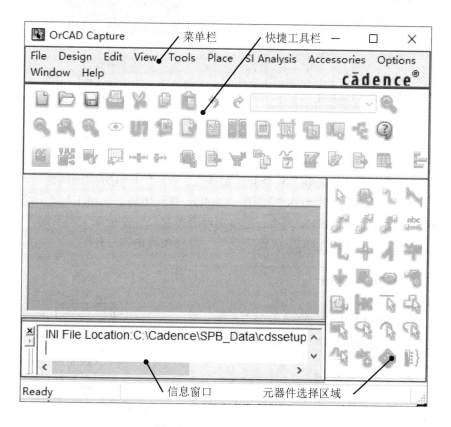

图 2.1　Capture 软件主界面

1. 新建工程

选择 File→New→Project 子命令，即可弹出如图 2.2 所示的新建工程对话框，输入工程名 "DCSweep_Example"，选择第一个选项 "PSpice Analog or Mixed A/D"，输入工程文件存放路径 "D:\DCSweep_Example"。需要注意，工程名和文件路径中均不可出现中文字符，否则将会报错。

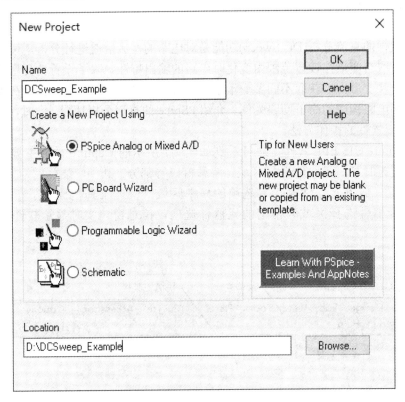

图 2.2　新建工程对话框

设置完成，点击 "OK" 按钮，将会弹出如图 2.3 所示的创建方式选择窗口，一般选择空白工程。在此窗口，点击 "OK" 按钮，Capture 界面中将会出现工程文件管理窗口(File)和原理图绘制窗口(PAGE1)。其中，工程文件管理窗口负责管理工程下的各类文件，具体见图 2.4；原理图绘制窗口用于放置元器件，搭建仿真电路原理图。

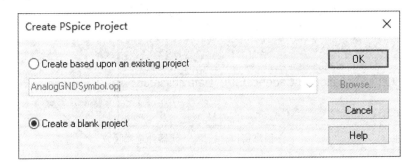

图 2.3　创建方式选择窗口

图 2.4　工程文件管理窗口

2. 绘制原理图

选择"PAGE1"选项卡，进入原理图绘制界面。按照图 2.5 所示，点击元器件选择区域的第 1 行第 2 个"Place Part"选项，在弹出的"Libraries"菜单下选择"SOURCE"，然后在"Part"菜单下选择"VDC"。双击"VDC"后，将鼠标移动到绘图区域，单机鼠标左键即可放置直流电源，还可连续放置多个相同元器件，最后在空白区域单击鼠标右键，选择"End Mode"即可结束放置。按照类似的操作，在"Libraries"菜单下选择"ANALOG"，然后在"Part"菜单下选择"R"，即可放置电阻。除了从元器件选择区域查找放置元器件的方式外，还可以在菜单栏的"Place"菜单中进行操作。

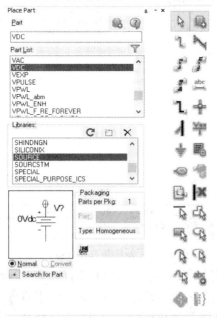

图 2.5　元器件查找放置界面

在如图 2.6 所示的"Place"菜单下选择"Ground"，并在弹出的窗口中选择 0/SOURCE，双击放置零电位参考地。需要注意的是，在 PSpice 仿真中，必须放置一个零电位参考地，否则仿真无法进行。

在放置元器件后，若需改变元器件的方向，可单击选择元器件，点击右键弹出如图 2.7 所示的元器件操作菜单，选择"Rotate"进行旋转操作，或者选择"Mirror"实现镜像操作。全部元器件放置完后，还需要对各个元器件的参数进行设置。双击直流电源 VDC 后，打开参数设置窗口，如图 2.8 所示，将其中的"DC"项改为"12 Vdc"，"Value"项改为"12 V"，完成后在参数窗口选型卡处，点击右键保存并关闭该窗口。按照同样方法，将电阻 R1 设置为 1 kΩ。

图 2.6　"Place"菜单

图 2.7　元器件操作菜单

		Color	DC	Reference	Value
1	SCHEMATIC1 : PAGE1	Default	12Vdc	V1	12V

图 2.8　元器件参数设置窗口

在图 2.5 的元器件选择区域第 2 行第 1 个的位置选择"Place Wire"，然后将鼠标移动到绘图区域后，鼠标箭头变为十字光标，点击元器件引脚进行连线。连线结束后，点击鼠标右键并选择"End Wire"结束连线。完成所有连线后，即可得到如图 2.9 所示的完整电路原理图。

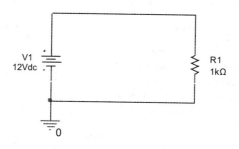

图 2.9　DCSweep_Example 仿真电路原理图

3. 建立仿真文件

仿真电路建立完成后，点击图 2.10 所示的菜单栏中第一个快捷命令，建立仿真文件 "New Simulation Profile"。在弹出的图 2.11 中设置仿真文件名称，并点击 "Create"。

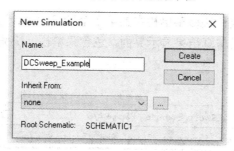

图 2.10　仿真文件快捷菜单栏

图 2.11　仿真文件名称设置窗口

随后将弹出图 2.12 所示的仿真参数设置窗口。扫描变量(Sweep Variable)选择电压源 V1，即电路原理图中的 12 Vdc 直流电压源。扫描类型(Sweep Type)选择线性变化，初始值为 −5，终端值为 10，增量为 0.5，表示计算电压源 V1 以 0.5 V 的增量由 −5 V 增加至 10 V 时，电路输出的变化情况。当输入电压 V1 由 −5 V 增加至 +10 V 时，电阻 R1 的电流由 −5 mA 增加至 +10 mA。

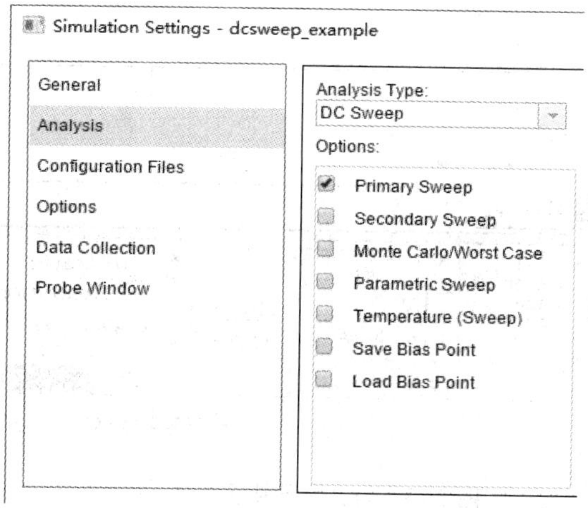

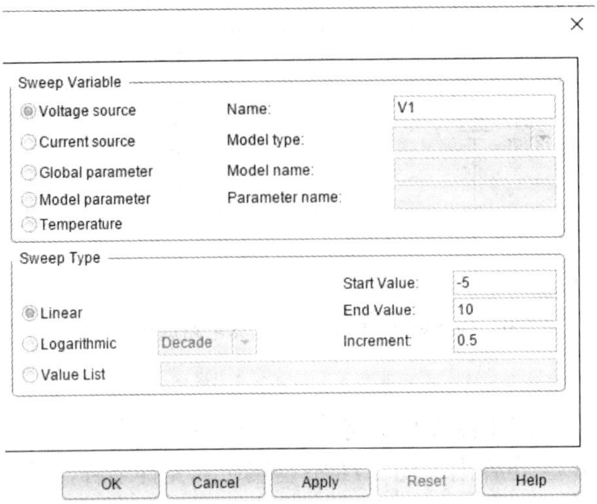

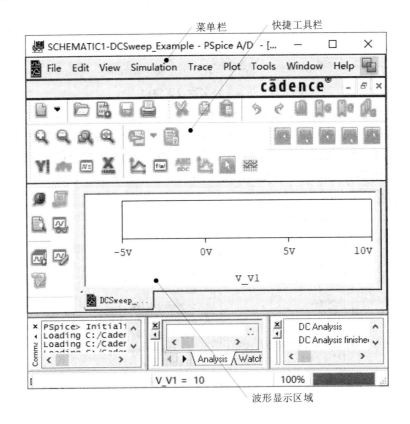

图 2.12　仿真参数设置窗口

4. 仿真结果分析

点击图 2.10 所示仿真文件快捷菜单栏中的第 3 个快捷命令,运行仿真。仿真运行结束后,弹出如图 2.13 所示的仿真结果显示界面,包含菜单栏、快捷工具栏、波形显示区域等部分。

图 2.13　仿真结果显示界面

在中间黑色的波形显示区域，点击鼠标右键，弹出图 2.14 所示的波形操作菜单，选择 "Add Trace"，弹出图 2.15 所示的波形数据选择窗口。在波形数据选择窗口中，可以看到该仿真工程中所有的数据，包含电压、电流、功率等。单击选择 "I(R1)" 即可绘制电阻 R1 的电流波形。图 2.16 显示了输入电压 V1 不同时的电阻 R1 的电流波形，即为该模拟电路的直流增益变化情况。

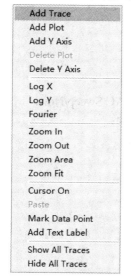

图 2.14　波形操作菜单

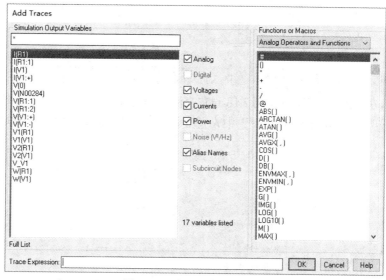

图 2.15　波形数据选择窗口

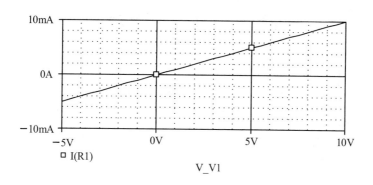

图 2.16　直流分析(DC Sweep)输出波形

2.1.2　交流分析(AC Sweep)

交流分析的功能是计算电路的交流小信号频率响应特性，即分析电路在某一交流信号源的作用下呈现出的增益，以及相位相对于交流信号源频率的变化规律。利用该功能，可以扫描电力电子变换器系统的环路响应特性或者进行噪声分析，以便于对变换器系统的稳定性进行分析。本节将以一个简单的 RC 低通滤波器为例，介绍 PSpice 软件交流分析功能的使用方法。

在 Capture 软件中建立图 2.17 所示的 RC 低通滤波电路原理图，并在元器件选择区域利用 "Place net alias" 将输出节点命名为 "output"。

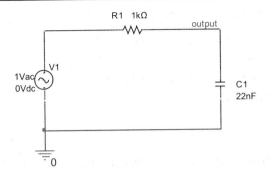

图 2.17　RC 低通滤波电路原理图

建立仿真文件，并按图 2.18 设置交流扫描仿真参数。仿真类型选择"AC Sweep/Noise"，扫描类型"AC Sweep Type"中设置交流源的扫描频率为 1 Hz～100 MHz。

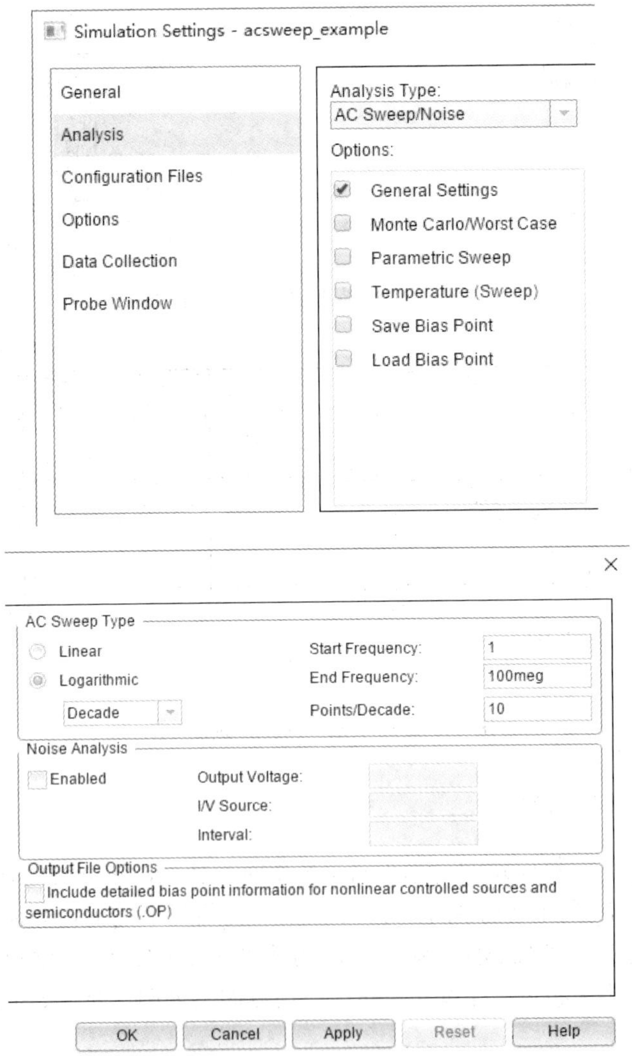

Simulation Settings - acsweep_example

General

Analysis

Configuration Files

Options

Data Collection

Probe Window

Analysis Type:
AC Sweep/Noise

Options:

☑ General Settings

☐ Monte Carlo/Worst Case

☐ Parametric Sweep

☐ Temperature (Sweep)

☐ Save Bias Point

☐ Load Bias Point

×

AC Sweep Type

○ Linear

◉ Logarithmic

Decade

Start Frequency: 1

End Frequency: 100meg

Points/Decade: 10

Noise Analysis

☐ Enabled

Output Voltage:

I/V Source:

Interval:

Output File Options

☐ Include detailed bias point information for nonlinear controlled sources and semiconductors (.OP)

OK　　Cancel　　Apply　　Reset　　Help

图 2.18　交流扫描仿真参数设置

运行仿真，在弹出的仿真波形观察界面添加波形，按照图 2.19 添加波形数据。此处需要利用 PSpice/Probe 软件的波形运算功能，计算电路的幅频增益。在"Functions or Macros"区域选择"DB()"函数，再在"Simulation Output Variables"区域选择"V(output)"，即可看到"Trace Expression"框中出现"DB(V(output))"。按照同样的方法，利用"P(V(output))"命令添加电路的相频特性曲线，获得图 2.20 所示的频率特性曲线。

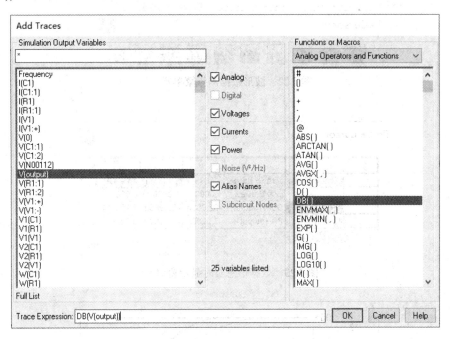

图 2.19　波形数据添加界面

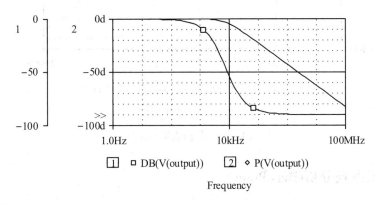

图 2.20　RC 低通滤波电路的频率特性曲线

点击图 2.21 所示波形操作快捷选项中右起第 2 个选项，弹出图 2.22 所示的波形数据测量菜单栏，并点击第 6 个选项，随即波形曲线上出现十字光标，同时波形界面右下角出现图 2.23 所示的数据信息实时显示窗口。移动光标，可定位出幅频特性曲线的带宽坐标(−3 dB 增益值)，点击鼠标左键停止移动，随后点击图 2.22 右起第 1 个选项，添加数据标注。如图 2.24 所示，完成波形数据测量与标注。

图 2.21　波形操作快捷选项

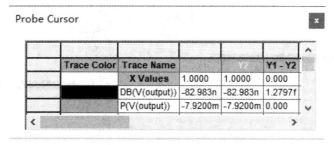

图 2.22　波形数据测量菜单栏

Probe Cursor

	Trace Color	Trace Name		Y2	Y1 - Y2
		X Values	1.0000	1.0000	0.000
		DB(V(output))	-82.983n	-82.983n	1.2797f
		P(V(output))	-7.9200m	-7.9200m	0.000

图 2.23　数据信息实时显示窗口

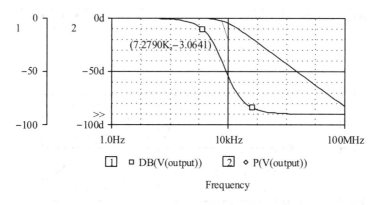

图 2.24　波形数据测量与标注

2.1.3　基本工作点分析(Bias Point)

在电子系统中，尤其是放大电路中，有时候需要确定系统的基本工作点，作为系统小信号线性化的基本直流参数值。利用 PSpice 的基本工作点分析(Bias Point)功能，将系统电路中的电感短路，电容开路，对各信号取直流平均值，进而计算电路的基本工作点。

在 Capture 软件中建立图 2.25 所示的放大电路，并按图 2.26 建立仿真文件，选择"Output File Options"第一项输出直流工作点的详细信息，还可以根据需要，选择第二项输出直流灵敏度信息，第三项输出直流传输特性信息。

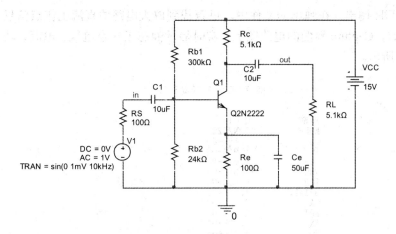

图 2.25　放大电路

Simulation Settings - Bias_Point

General
Analysis
Configuration Files
Options
Data Collection
Probe Window

Analysis Type:
Bias Point

Options:
☑ General Settings
☐ Temperature (Sweep)
☐ Save Bias Point
☐ Load Bias Point

×

Output File Options

☑ Include detailed bias point information for nonlinear controlled sources and semiconductors (.OP)

☐ Perform Sensitivity analysis (.SENS)

Output variable(s):

☐ Calculate small-signal DC gain (.TF)

From Input source name:

To Output variable:

OK　　Cancel　　Apply　　Reset　　Help

图 2.26　基本工作点分析(Bias Point)仿真设置界面

运行仿真，仿真结束后分析数据将存为"out"文件，可在弹出的波形观察界面选择

View→Output File 调出。在弹出的文件中，可查找到放大电路的直流工作点信息，如图 2.27 所示。同时，Capture 界面的电路图上，实时显示静态工作点电压、电流、功率等信息，如图 2.28 所示。

```
**** BIPOLAR JUNCTION TRANSISTORS

NAME         Q_Q1
MODEL        Q2N2222
IB           1.16E-05
IC           1.91E-03
VBE          6.61E-01
VBC          -4.39E+00
VCE          5.05E+00
BETADC       1.65E+02
GM           7.35E-02
RPI          2.46E+03
RX           1.00E+01
RO           4.10E+04
CBE          6.70E-11
CBC          3.79E-12
CJS          0.00E+00
BETAAC       1.80E+02
CBX/CBX2     0.00E+00
FT/FT2       1.65E+08
```

图 2.27　放大电路直流工作点信息

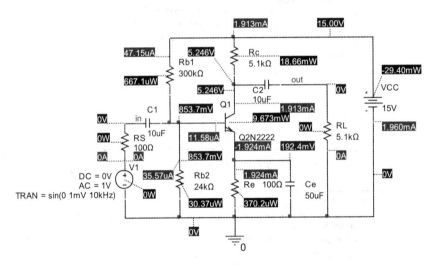

图 2.28　电路图显示直流工作点信息

2.1.4　瞬态分析(Time Domain (Transient))

瞬态分析是电力电子系统仿真中最为常用的一种仿真分析手段，以时间为参考，验证系统的时域特性。仿真过程可以准确地显示系统实际运行时的时域表现，对验证电力电子系统的设计方案具有重要的意义。本节以一个电容滤波的二极管不可控整流电路为例，介绍电力电子电路的 PSpice 时域仿真，以及常用的负载扰动分析方法。

按照图 2.29，在 Capture 软件中建立单相二极管不可控整流电路的仿真原理图，并利用可控开关，切换负载电阻模拟负载变化。按图 2.30 设置仿真参数，仿真时长设置为 0.5 s，仿真步长设置为 1×10^{-4} s。

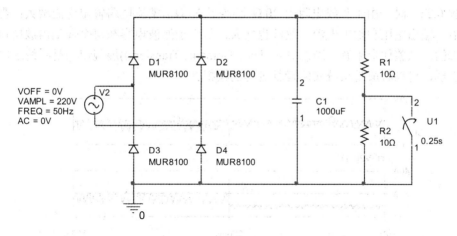

图 2.29　单相二极管不可控整流电路仿真原理图

Simulation Settings - acdc

General
Analysis
Configuration Files
Options
Data Collection
Probe Window

Analysis Type:
Time Domain (Transient)
Options:
☑ General Settings
☐ Monte Carlo/Worst Case
☐ Parametric Sweep
☐ Temperature (Sweep)
☐ Save Bias Point
☐ Load Bias Point
☐ Save Check Point
☐ Restart Simulation

Run To Time :　500m　seconds (TSTOP)
Start saving data after :　0　seconds
Transient options:
Maximum Step Size　1e-4　seconds
☐ Skip initial transient bias point calculation (SKIPBP)

☐ Run in resume mode　　　Output File Options...

OK　Cancel　Apply　Reset　Help

图 2.30　单相二极管不可控整流电路瞬态仿真参数设置界面

运行仿真，可获得如图 2.31 所示的输出电压和输出电流波形。可以看出，当仿真时间运行到 0.25 s 时，由于负载电阻由 20 Ω 切换至 10 Ω，整流电路输出电流增大；当负载增大后，输出电压和输出电流的纹波也增大，是由于滤波电容在每个周期内放电量增加而引起的。从整体上来看，瞬态分析(Time Domain (Transient))展现出的是系统在时间域上的表现，可以看成是系统实际运行过程的模拟。

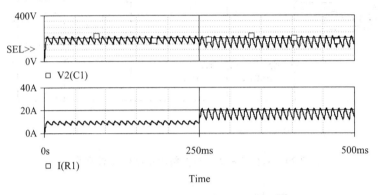

图 2.31　单相二极管不可控整流电路仿真波形

2.2　降压型变换器(Buck)仿真实例

Buck 电路作为一种基本的直流斩波电路，其结构及工作原理较为简单，常作为开关电源的后级电路。本节将以 Buck 电路为例，介绍开关型电力电子变换电路的仿真方法。在此实例中，将会涉及仿真步长设置、系统闭环控制、关键电路参数影响分析等电力电子变换电路的共性知识。

2.2.1　开环仿真

按照图 2.32，在 Capture 软件中建立 Buck 电路的仿真电路图，并设置电路参数。将脉冲电压源 V2 作为功率管的驱动信号源，生成开关频率为 20 kHz、占空比为 0.5 的驱动信号。按图 2.33 设置仿真参数，仿真时长为 10 ms，仿真步长应小于开关周期的十分之一，此处设置为 5 μs。

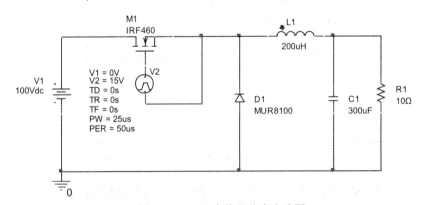

图 2.32　Buck 变换器仿真电路图

Simulation Settings - openloop

General	Analysis Type:
Analysis	Time Domain (Transient)
Configuration Files	Options:
Options	☑ General Settings
Data Collection	☐ Monte Carlo/Worst Case
Probe Window	☐ Parametric Sweep
	☐ Temperature (Sweep)
	☐ Save Bias Point
	☐ Load Bias Point
	☐ Save Check Point
	☐ Restart Simulation

×

Run To Time :　　　　　　10ms　　　　　　　seconds (TSTOP)

Start saving data after :　　　0　　　　　　　seconds

Transient options:

Maximum Step Size　　　1e-6　　　　　seconds

☐ Skip initial transient bias point calculation (SKIPBP)

☐ Run in resume mode　　　　　　　　　Output File Options...

OK　　Cancel　　Apply　　Reset　　Help

图 2.33　Buck 电路开环仿真参数设置界面

运行仿真，可获得图 2.34 所示的输出电压波形，输出电压大约为 62 V。图 2.35 为电感电流和驱动信号波形，可以看出电感电流连续，说明变换器工作在连续模式下。

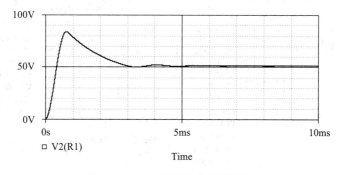

图 2.34　Buck 电路输出电压波形

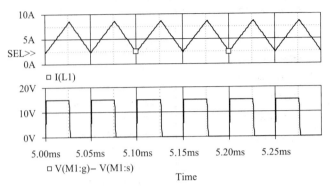

图 2.35　Buck 电路电感电流与驱动信号波形

2.2.2　闭环仿真

　　当电源发生波动或负载等其他参数发生变化时,开环变换器的输出电压会随之变化,这时可引入电压反馈的闭环控制,使输出电压稳定在期望值上。利用集成运算放大器 TL082,构成 PWM 比较器和电压 PI 调节器,按照图 2.36 在 Capture 软件中建立 Buck 变换器闭环系统的仿真电路原理图,并设置电路参数脉冲电压源 V7 作为给定信号;仿真开始后,经 10 ms 负载由零增加至 5 V,利用可控开关切换负载电阻大小,模拟负载扰动,以分析系统对负载扰动的响应特性。按照图 2.37 设置仿真参数。

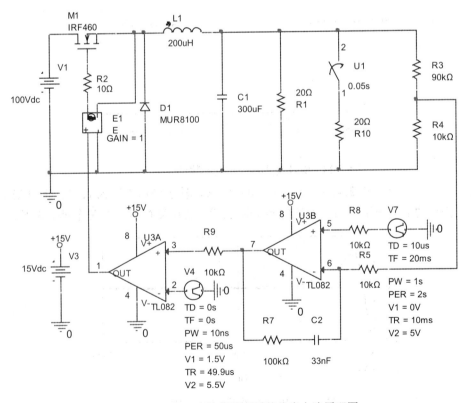

图 2.36　Buck 变换器闭环系统仿真电路原理图

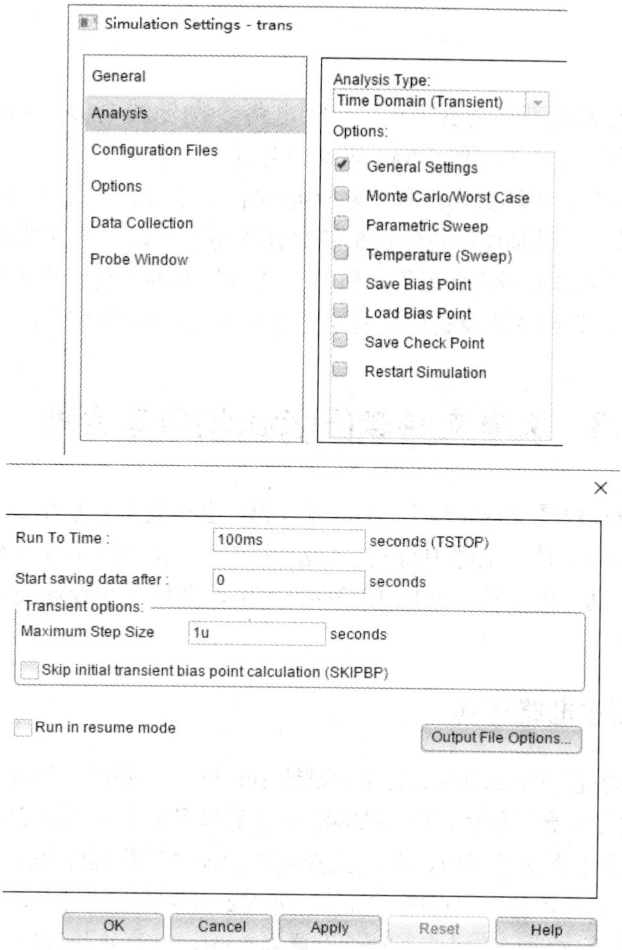

图 2.37　Buck 变换器闭环系统仿真参数设置

运行仿真，可获得图 2.38 所示的输出电压和输出电流波形。可以看出，输出电压稳定在 50 V，与给定值相符。负载切换时，输出电流发生相应的变化，而输出电压基本不变。

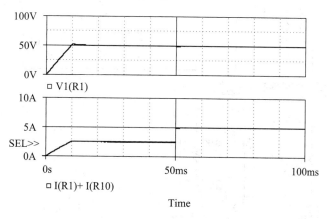

图 2.38　Buck 变换器闭环系统仿真波形

2.2.3 练习

(1) 基于 Buck 电路的开环仿真工程，分析电路参数(滤波电感、滤波电容、负载功率、开关频率)对变换器工作波形的影响，并总结结论。

(2) 基于 Buck 电路的闭环仿真工程，分析输出电压对于给定信号的跟随特性，理解开关变换器闭环控制的实现原理，并分析系统对输入电压扰动、负载扰动的响应特性。

(3) 基于 Buck 电路的闭环仿真工程，研究开关变换器的电压、电流双环控制方法。

(4) 分析 PID 调节器对系统控制环路稳定性及动态响应特性的影响。

2.3 反激变换器(Flyback)仿真实例

反激变换器(Flyback)属于隔离型 DC/DC 变换器，由于其具有控制简单，且易实现多路输出等优点，在小功率开关电源中得到了广泛的应用。本节将具体介绍反激变换器主电路及控制系统的仿真分析方法，并以 UC3842 为例，介绍常用反激类 PWM 控制器的设计方法及工作原理。

2.3.1 反激变换器主电路仿真

本实例以 TI 公司提供的 UC3842 的参考设计 slua274a 为基础，经过适当修改，作为本节的仿真模型。建立仿真工程后，将 UC3842 的仿真模型库文件"ucc28c42.lib"和"UCC28C42.OLB"放置到工程文件夹内，并在工程文件管理树下将其添加至工程中。按照图 2.39 建立反激变换器的开环仿真原理图，将脉冲源 V2 作为驱动信号源，并将占空比设置为 25%。建立瞬态仿真文件，并将仿真时长设置为 5 ms，仿真步长设置为 40 ns。

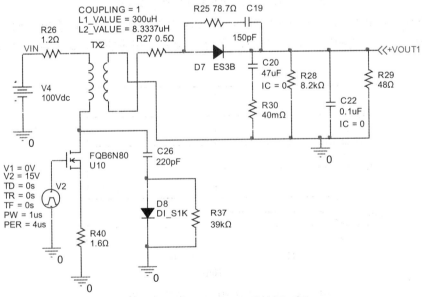

图 2.39　反激变换器开环仿真原理图

运行仿真，可获得图 2.40 所示的反激变换器输出电压波形(VOUT1)，约为 12.5 V。为了全面掌握反激变换器主电路的工作原理，可读取变压器原副边电压、电流波形等关键波形，进行具体分析。

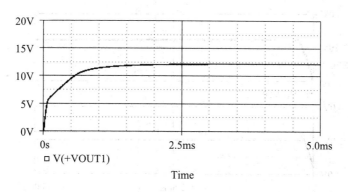

图 2.40　反激变换器输出电压仿真波形

2.3.2　基于 UC3842 的闭环仿真

UC3842 是一种峰值电流控制模式的 PWM 控制器，可以实现对反激变换器的电压、电流双闭环控制。其内置的欠压锁定、前馈补偿、逐脉冲电流抑制、误差放大器等单元，可以提供高达 500 kHz 的开关频率和大电流驱动能力。建立仿真工程后，将 UC3842 对应的模型库文件添加至工程中，按图 2.41 建立仿真原理图，完成各元器件参数设置。

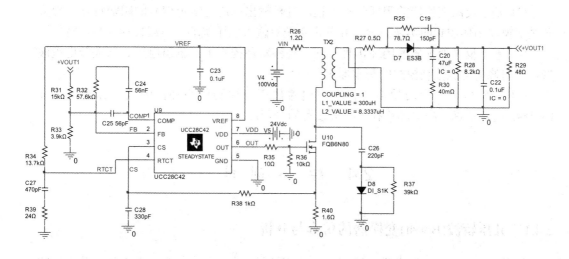

图 2.41　基于 UC3842 的反激变换器闭环控制系统仿真原理图

建立仿真文件，仿真时长设置为 5 ms，仿真步长设置为 40 ns；运行仿真，可获得图 2.42 所示的两路输出电压波形与反馈信号波形。可以看出，采用反馈闭环控制后，输出电压(+VOUT1)稳定在 12.5 V 左右，反馈信号(FB)稳定在 2.5 V，这是因为 UC3842 内部集成的参考电压为 2.5 V，所以闭环系统稳定后，反馈信号电压也在 2.5 V 附近波动。在此基础上，还可以分析系统应对输入电压波动、负载扰动的动态响应性能。

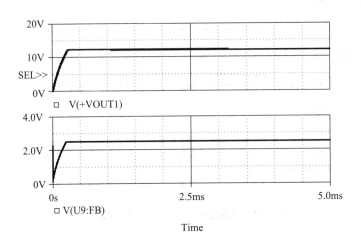

图 2.42　UC3842 闭环控制下反激变换器的输出电压与反馈信号波形

2.3.3　练习

(1) 基于反激变换器的开环仿真工程，观察变压器的原副边电压、电流波形，学习反激变换器的基本工作原理。

(2) 基于反激变换器的开环仿真工程，修改负载大小，分析反激变换器的连续、断续工作模式的区别。

(3) 基于反激变换器的闭环仿真工程，分析输出电压对给定信号的跟随特性，理解开关变换器闭环控制的实现原理，并分析系统对输入电压扰动、负载扰动的响应特性。

(4) 基于反激变换器的闭环仿真工程，观察双环控制下的输出电压、开关管电流波形，学习峰值电流控制模式的基本原理。

(5) 查阅资料，学习反激变换器主电路建模及控制环路补偿的基本原理，验证UC3842 闭环仿真工程中环路补偿参数设置的合理性。

2.4　综 合 训 练

2.4.1　升压斩波(Boost)变换器的仿真与分析

按照表 2.1 所示电路参数，建立 Boost 变换器主电路仿真模型，并对以下仿真内容进行分析：

(1) 建立开环仿真工程，利用瞬态分析功能，观察电感电流、输出电压、驱动信号等关键电路波形，对 Boost 变换器工作原理进行分析。

(2) 为 Boost 变换器主电路设计电压控制器，构成 Boost 变换器的闭环系统。结合时域仿真结果，调整控制器参数，使系统获得良好的静态、动态特性。

表 2.1　Boost 变换器仿真参数

输入电压/V	10	输出电压/V	15
额定功率/W	45	开关频率/kHz	5
储能电感/μH	100	滤波电容/μF	200

2.4.2　单相 SPWM 逆变器的仿真与分析

按照表 2.2 所示电路参数，建立单相 H 桥逆变器主电路仿真模型，并对以下仿真内容进行分析：

(1) 建立开环仿真工程，利用瞬态分析功能，观察输出电压、输出电流、电感电流、调制信号、载波信号、驱动信号等关键电路波形，对单相 H 桥逆变电路的工作原理进行分析。

(2) 调节调制信号频率和幅值，观察负载电压、电流的变化情况，分析调制信号对输出电压、电流的控制规律。

(3) 调节载波信号频率，观察电感电流、输出电压的变化情况，分析载波频率对电路工作特性的影响。

表 2.2　单相逆变电路仿真参数

输入电压/V	400	输出滤波器类型	LCL
开关频率/kHz	20	滤波电感 L1/mH	2
正弦调制波频率/Hz	50	滤波电感 L2/mH	0.5
负载电阻/Ω	40	滤波电容/μF	1

2.4.3　隔离全桥变换器的仿真与分析

按照表 2.3 所示电路参数，建立隔离全桥变换器主电路的仿真模型，并对以下仿真内容进行分析：

(1) 建立开环仿真工程，按照占空比为 25% 分配 H 桥四只开关管的驱动信号；利用瞬态分析功能，观察变压器原副边电压、电流、输出电压、输出电流等关键电路波形，对隔离全桥变换器电路的工作原理进行分析。

(2) 以输出电压 30 V 作为控制目标，设计输出电压反馈电路与电压控制器参数，构成闭环系统，完成对隔离全桥变换器闭环系统的仿真分析，并对其负载扰动特性进行分析。

(3) 学习经典 PWM 控制器芯片 SG3525 的基本工作原理，利用其实现 PWM 调制功能。选择集成运算放大器芯片 LM358，实现输出电压控制器，以 30 V 作为输出电压控制目标，构成 SG3525 驱动的隔离全桥变换器系统。观察主电路输出电压、电流波形，分析其负载扰动特性。观察 SG3525 震荡信号、误差信号、输出驱动信号的波形，掌握其具体工作原理。

表2.3　隔离全桥变换电路仿真参数

输入电压/V	60	滤波电感/μH	150
开关频率/kHz	50	滤波电容/μF	330
变压器变比	100：100：100	负载电阻/Ω	30

第 3 章　电力电子技术基础实验

第 1 章和第 2 章介绍的电力电子技术仿真实验能够突破现实实验教学条件的约束，学生可以在仿真环境下进行基础性、综合性和创新性的实验，有利于发挥学生的创造力。但仿真实验环境往往偏于理想，无法全面考虑真实电力变换电路或系统在复杂环境下的影响因素，不利于解决和理解实际问题。开设实际硬件电路实验，实现与仿真实验的虚实融合、优势互补是解决这类问题的有效途径。

本章基于求是教仪 NMCL 实验台，配合课堂理论教学内容，精选了器件特性、整流电路、直流斩波电路、单相交直交变频电路四个基础性硬件电路实验，而且在实验预习中特别增加了与硬件实验相关的仿真预习环节，注重仿真与实物实验的衔接与互补，使学生通过实验能够对知识理解得更透彻，提高学生分析、归纳、总结和解决问题的能力，为综合拓展及创新实验、课程设计等后续实践环节的教学工作奠定坚实基础。

3.1　实　验　概　述

3.1.1　实验目的与要求

1. 实验目的

"电力电子技术"课程是高等院校电气工程及其自动化专业、自动化专业的一门实践性很强的专业基础课。电力电子技术基础实验作为该课程的重要教学环节，对培养学生使用现代实验教学设备，测试、分析和设计电力变换电路具有重要作用。本章从培养学生实践能力的要求出发，结合目前电力电子技术发展的现状和趋势，安排了基本的电力电子器件特性测试、整流电路、逆变电路、斩波电路、变频电路、PWM 技术等实验内容，旨在能够进一步巩固和加强学生对电力电子技术相关理论知识的掌握，培养和训练学生综合设计与创新实践的能力，以及独立分析问题和解决问题的能力，同时培养学生团队协作和良好的实验习惯，为后续教学环节开展奠定坚实的基础。

通过实验，学生应获得以下几方面的知识、能力和素养：

(1) 了解工业企业中电力变换电路的应用概况及发展趋势；掌握电力电子器件开关特性、主要参数、驱动与保护电路的测试及分析；掌握四大电力变换电路的结构原理，以及不同负载情况下波形和量值的测试与分析；掌握 PWM 技术的基本原理、实现及测试方法。

(2) 具备电力电子器件选用、驱动电路调试及其应用能力；具备分析电力变换实验线路，排除故障，甚至设计和改造实验线路的能力；具备熟练使用实验装置及仪器，以及使用 MATLAB 或 Cadence/PSpice 等仿真工具的能力；具备运用理论知识对实验现象、实验结果进行分析和处理，解决实验中遇到的问题，得出正确结论的能力；具备正确撰写实验报告，以及在对实验数据正确分析基础上，改进或开发新型实验电路或实验装置的能力。

(3) 具备工程创新意识，能对实验过程中的难题提出新的解决方案；遵守电气工程及其自动化专业实验安全规程，建立良好的职业实验习惯；具备沟通和团队协作精神，能就实验中出现的复杂问题，与同学和老师进行有效沟通交流，能够针对实验项目进行组织、协调或带领团队开展工作，完成实验任务；具备自主学习意识，掌握实验基本方法，具备归纳总结能力。

2. 实验要求

(1) 在实验课开始前，学生应结合电力电子技术教材中的相关理论知识认真阅读实验指导书，利用 MATLAB/Simulink 或 Cadence/PSpice 仿真工具对实验内容进行仿真实验，并与理论知识进行对比分析，提出待解决的问题，撰写预习报告。

(2) 在实验操作阶段，学生应主动提交预习报告，对预习阶段遇到的问题及时请教指导教师，并通过实际实验操作予以印证。实验过程中，学生应严格遵守实验操作规程，对实验过程中的数据、波形和结果进行记录，分析解决实验过程中出现的异常或故障；实验完成后，学生应将实验数据、实验波形及实验结果交给指导教师检查，确认无误后方可断电拆线，整理设备。

(3) 实验结束后，学生应整理实验数据，绘制波形和图表，分析实验现象，撰写实验报告，实验报告应包括实验内容、实验目的、实验原理、实验方法与步骤、实验数据处理及分析、实验与理论的结果比较、实验总结等。

3.1.2 实验预习

实验预习是实验顺利进行的保障，有利于提高实验的质量和效率，确保实验设备安全和实验人员人身安全。实验预习应做到以下几点：

(1) 复习教材中与实验相关的内容，熟悉与本次实验相关的理论知识。

(2) 仔细阅读实验指导书，了解实验的目的和内容，掌握实验的基本原理和方法，明确实验过程中的注意事项，归纳总结实验内容的难点和疑问。

(3) 阅读实验指导书的实验预习要求，使用 MATLAB/Simulink 或 Cadence/PSpice 仿真工具，完成仿真模型搭建、参数设置、仿真实验及结果分析，并与理论分析比较后得出结论。

(4) 了解实验中所用仪器、仪表的使用方法，能熟记操作要点。

(5) 撰写实验预习报告，其内容应包括实验目的、实验内容、实验设备及仪器、实验系统组成及工作原理、实验仿真模型建立及结果分析、疑难问题等。

3.1.3 实验实施

(1) 学生需携带预习报告及必备的实验教材、文具及计算工具等,穿着整洁,按时(一般提前五分钟)到达指定的实验室。进入实验室后,由指导教师指定实验台,原则上实验的同组者按学号顺序分组,明确组内分工和职责,做好考勤登记工作。

(2) 操作前认真听指导教师的讲解,回答教师提问,熟悉实验设备仪器,明确设备仪器的功能与使用方法,不懂的问题应及时请教。

(3) 操作中遵守实验仪器设备操作规程,注意安全,认真操作。断电条件下完成实验系统接线,经自查和指导教师检查无误后方可通电。如有异常,应立即切断电源,查找并排除故障。改接线路时,必须断开主电源后方可进行。实验中仔细观察实验现象,如实记录实验数据和波形,并判断实验数据或波形的正确性,对遇到的问题应积极思考,努力自行解决。爱护仪器设备及其他实验室设施,如出现异常或损坏要及时报告,说明故障现象和原因。

(4) 实验中严格遵守实验室安全和卫生规章制度,课间不得随意离开实验室。严禁大声喧哗,打闹,保持安静,严禁吸烟、玩手记、打电话等一切与实验无关的行为。

(5) 实验完成前,将实验结果交由指导教师审阅,回答老师的提问,必要时按要求重做实验。实验完成后,及时整理仪器、仪表(恢复到实验前的状态),打扫实验室卫生,经指导教师同意方可离开实验室。

3.1.4 实验总结

实验结束后,必须对实验进行总结,对实验数据进行整理,绘制波形和图表,分析实验现象,撰写实验报告。若实验结果与理论有较大出入,需用理论知识来分析实验数据和结果,解释实验现象,找出引起较大误差的原因。

实验报告的书写,要做到内容完整规范,字迹工整,图表绘制清晰(不得徒手画图表),实验总结与思考得当。

实验报告内容应包括实验预习、实验过程和实验结果几部分,包括:① 实验名称;② 实验目的;③ 实验内容;④ 实验设备及仪器;⑤ 实验预习要求(知识点复习,仿真实验及结果分析);⑥ 实验原理;⑦ 注意事项;⑧ 实验过程(实验步骤的描述,实验过程数据、曲线或现象的记录);⑨ 实验结果(实验数据处理分析,图表绘制,实验结论);⑩ 思考题。

3.2 实验装置简介

3.2.1 概述

NMCL-III型电力电子及电气传动教学实验台由长期从事高教教学仪器研发的浙江求是科教设备有限公司研制,实验台示意图如图 3.1 所示。实验台主要用于高校电气类、自动化类专业开设的"电力电子技术""运动控制系统"等课程的实验教学工作，也可支撑"电力电子技术课程设计""运动控制系统课程设计""专业综合实验"等实践环节的教学工作。该教学实验台在设计时充分考虑学生的特点，强调学生的动手能力，通过实验使学生在对各种电机原理、电力变换技术、交直流调速系统等理论有深刻掌握的基础上，逐步提高，学以致用，最终培养学生独立掌握各种新器件的使用、各类电力变换电路的分析设计、各类电力拖动控制系统分析设计等工程实践能力。该教学实验台在设计时同时也充分考虑了教师的需要，留有较大的拓展空间，便于教师在实验台上做进一步研究以及产品开发。

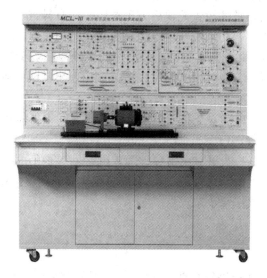

图 3.1　NMCL-III型电力电子及电气传动教学实验台示意图

该实验装置具有良好的安全性、可靠性，设备设计合理，维护率低，在国内许多院校使用，满足了高等院校电气类、自动化类专业实验教学的基本需求。

3.2.2　实验装置的主要特点

该实验装置采用固定式模块(测量仪表、交直流电源等质量重的模块采用固定式结构)和挂箱式模块相结合的组件式结构设计，可根据不同实验内容进行组合，结构紧凑，使用方便、灵活，并且可随着功能的扩展增加组件；能在一套装置上完成"电力电子技术""运动控制系统"等课程的主要实验，有效地减少了实验的准备工作，有利于实验台的功能扩展。

该实验装置布局合理，外形美观，面板示意图明确、直观，学生可通过面板的示意查寻故障，分析工作原理。电机采用导轨式安装，更换机组简捷、方便。所采用的电机经过特殊设计，其参数特性能模拟 3 kW 左右的通用实验机组，能给学生正确的感性认识。实验桌为铁质双层亚光密纹喷塑结构，桌面采用意大利进口生产设备和工艺生产的高密度度防腐防火板，造型美观大方，设有两个抽屉和存放柜，用于置放工具、挂箱及资料等。实验桌设有四个轮子和四个可调固定支撑脚，便于移动和固定，有利于实验室布置。

该实验装置的控制电路全部采用模拟和数字集成芯片，可靠性高，维修检测方便；交流电源的输出设计了过流保护功能，功率器件设有安全保护线路，各测量点设有高压保护电路，高低压线路采用不同实验导线，具有较完善的过流、过压、RC 吸收、熔断器等保护功能，提高了设备的运行可靠性和抗干扰能力，保障人身和设备的安全；组件具有独立的故障指示灯，有利于学生分析故障原因和进行设备维护。

该实验装置不仅能完成传统的实验项目，还突出对现代电力电子电路和现代控制系统的研究。整个现代电力电子及电气传动实验分成三大部分：器件的研究、线路的研究和系统的研究。

(1) 器件的研究：对于 GTO、GTR、MOSFET、IGBT 的开关特性及其驱动电路、缓冲电路和保护电路的研究，可通过改变不同的参数来研究。

(2) 线路的研究：对整流电路、直接直流-直流变流电路、带隔离的直流-直流变流电路、单相或三相交流调压电路、单相交直交变频电路、软开关、有源功率因数校正等进行研究。

(3) 系统的研究：对运动控制系统基本单元、单闭环或双闭环晶闸管直流调速系统、双闭环直流脉宽调速系统、双闭环三相异步电机调压调速系统、基于 DSP 的磁场定向变频调速系统与直接转矩控制系统等进行研究。

学生通过完成以上实验，能深刻了解各种器件的特性参数及其应用，熟练掌握四大电力变换电路的原理及数量关系，掌握运动控制系统的结构原理及控制方法，独立分析、设计各种电力变换电路及运动控制系统。

该实验装置是研究型数字运动控制实验系统。系统由基于高速 USB 口的控制卡(由 TI 公司 32 位高性能 DSP-TMS320F2812 作为控制核心芯片)，可以使用 C、C++或 MATLAB 语言编写算法，也可使用 Simulink 库搭建各种控制算法，为运动控制系统的开发提供了极大的便利。

该实验装置在交流伺服电机的数字控制领域首创性地采用新的控制核心芯片——基于 FPGA 控制的交流伺服电机的系统研究，对交流伺服电机控制领域的未来改革给出了新的发展方向，也为老师学生提供了一个新的创新学习平台。

3.2.3 实验装置的技术参数

(1) 整机容量：<1.5 kVA。

(2) 工作电源：～3 N/380 V/50 Hz/3 A。

(3) 尺寸：1.62 m × 0.75 m × 1.60 m。

(4) 重量：<150 kg。

3.2.4 实验装置的安全与保护

1. 人身安全保护体系

(1) 三相隔离变压器的浮地保护，将实验用电与电网完全隔离，对人身安全起到有效的保护作用。

(2) 三相电源输入端设有电流型漏电保护器，设备的漏电流大于 30 mA 即可断开开关，符合国家标准对低压电器安全的要求。

(3) 三相隔离变压器的输出端设有电压型漏电保护，一旦实验台有漏电压将会自动保护跳闸。

(4) 强电实验导线采用全塑封闭型手枪式导线，导线内部为无氧铜抽丝而成发丝般细的多股线，质地柔软，护套用粗线径、防硬化化学制品制成，插头采用实心铜质件，避免学生触摸到金属部分而引起双手带电操作触电的可能。

2. 设备安全保护体系

(1) 三相交流电源输出设有电子线路及保险丝双重过流及短路保护功能，其输出电流大于 3 A 即可断开电源，并告警指示。

(2) 晶闸管的门阴极和各触发电路的观察孔设有高压保护功能，避免学生误接线。

(3) 实验台采用三种实验导线，相互间不能互插，强电采用全塑型封闭安全实验导线，弱电采用金属裸露实验导线(其实芯铜直径大于强电导线)，观察孔采用 2# 实验导线，避免了学生误操作将强电接到弱电的可能。

(4) 实验台交直流电源设有过流保护功能。

3.2.5　主要实验挂箱使用说明

主要实验装置的挂箱或组件配置见表 3.1。

表 3.1　主要实验挂箱或组件配置一览表

序号	型　号	挂箱或组件名称
1	NMCL-31	低压控制电路及仪表
2	NMCL-32	电源控制屏
3	NMCL-33	触发电路和晶闸管主回路
4	NMCL-331	平波电抗器(及阻容滤波)
5	NMCL-07C	功率器件
6	NMCL-03	三相可调电阻器(6 只 900 Ω)
7	NMCL-22	现代电力电子电路和直流脉宽调速
8	M01/M03	直流复励发电机/直流并励电动机
9	M04A/M09	三相笼型异步电动机/三相绕线式异步电动机
10	电机导轨及转速计	
11	实验导线	

1. NMCL-31 低压控制电路及仪表

NMCL-31 实验挂箱由给定单元(G)、低压电源、速度变换器(FBS)、零速封锁器(DZS)、交直流测量仪表等组成，实验挂箱面板示意图如图 3.2 所示。

(1) 给定单元(G)：提供可调的正负直流电压或阶跃信号。

正负给定电压分别由 RP_1、RP_2 两个电位器调节大小(调节范围为 0～±15 V)，数值由面板右边的数显窗读出。

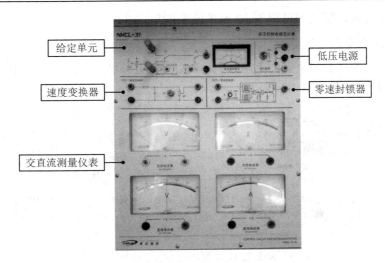

图 3.2　NMCL-31 低压控制电路及仪表实验挂箱面板

阶跃给定信号可通过扳动 S_1、S_2 到不同位置达到下述要求：

① 若 S_1 在"正给定"位，扳动 S_2 由"零"位到"给定"位，能获得 0 V 突跳到正电压的信号，再由"给定"位扳动到"零"位，能获得正电压到 0 V 的突跳。

② 若 S_1 在"负给定"位，扳动 S_2，能得到 0 V 到负电压及负电压到 0 V 的突跳。

③ 若 S_2 在"给定"位，扳动 S_1，能得到正电压到负电压及负电压到正电压的突跳。

使用注意事项：给定输出有电压时，不能长时间短路，特别是输出电压较高时，容易烧坏限流电阻。

(2) 低压(直流)电源：提供 ±15 V/1 A 直流稳压电源。

(3) 速度变换器(FBS)：用于转速反馈的调速系统中，将直流测速发电机的输出电压变换成适用于控制单元并与转速呈正比的直流电压，作为速度反馈。

使用时，将测速发电机(电机导轨上的转速表)的输出端接至速度变换器的输入端，输出端由电位器 RP 中心抽头输出，作为转速反馈信号，反馈强度由电位器 RP 的中心抽头进行调节，同时作为零速封锁器反映转速的电平信号。

(4) 零速封锁(DZS)：当调速系统处于停车状态，即速度给定电压为零，同时转速也确定为零时，封锁调速系统中的所有调节器，以避免停车时因各放大器零漂使得变流电路有输出，使电机爬行出现不正常现象。

它的总输入输出关系是：当 1 端和 2 端的输入电压的绝对值都小于 0.07 V 时，3 端的输出电压应为 0 V；当 1 端和 2 端的输入电压绝对值或者其中一个或者二者都大于 0.2 V 时，3 端的输出电压应为 −15 V；当 3 端的输出电压已为 −15 V，后因 1 端和 2 端的电压绝对值都小于 0.07 V，使 3 端电压由 −15 V 变为 0 V 时，有 100 ms 的延时。

3 端为 0 V 时，输入到各调节器反馈网络中的继电器，因调节器反馈网络短路而被封锁；3 端为 −15 V 时，输入到各调节器反馈网络中的继电器，解除封锁。

(5) 测量仪表：

① 交流电压表，提供测量范围 300 V 电压表 1 只。

② 交流电流表，提供测量范围 1 A 电流表 1 只。

③ 直流电压表，提供测量范围 ± 300 V 电压表 1 只。

④ 直流电流表，提供测量范围±2 A 电流表 1 只。

2. NMCL-32 电源控制屏

NMCL-32 电源控制屏主要由电源开关、三相交流电源输出、直流电机励磁电源等部分组成，其面板示意图如图 3.3 所示。

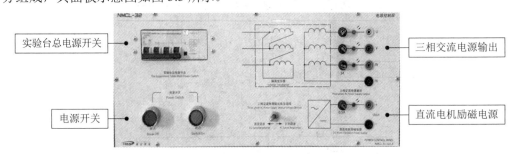

图 3.3　NMCL-32 电源控制屏实验挂箱面板

(1) 电源开关：包括实验台总电源开关和电源开关按钮。

(2) 三相交流电源输出：通过输出电压选择开关切换，分别输出三相 200 V 和 230 V 交流电源，给直流调速和交流调速提供输入电源，带过流保护。该电源经过电流型漏电保护、三相隔离变压器、电压型漏电保护等安全保护电路后提供学生实验用电。

(3) 220 V/0.5 A 直流电机励磁电源：为直流电动机和直流发电机励磁绕组提供电源。

3. NMCL-33 触发电路和晶闸管主回路

NMCL-33 触发电路和晶闸管主回路实验挂箱由同步电压观察、脉冲观察及通断控制、脉冲移相控制、脉冲放大电路控制、Ⅰ组晶闸管、Ⅱ组晶闸管、电流反馈及过流保护(FBC + FA)和二极管整流桥组成，其实验面板如图 3.4 所示。

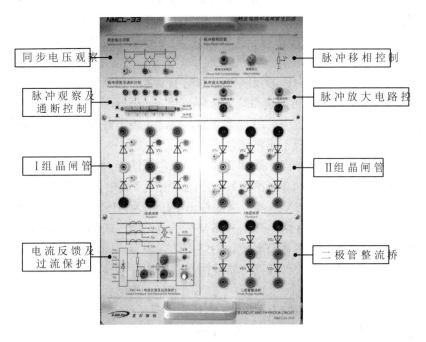

图 3.4　NMCL-33 触发电路和晶闸管主回路实验挂箱面板

(1) 同步电压观察：同步电压观察孔输出相电压为 30 V 左右的同步电压，可用双踪示波器观察同步电压波形，比较、确定触发电路双脉冲的相位。

(2) 脉冲观察及通断控制：面板提供 1、2、3、4、5、6 共六路双脉冲及其观察孔，每个观察孔均具有间隔均匀、相互间隔 60° 幅度相同的双脉冲(调制频率为 3～10 kHz)。若 1、2、3、4、5、6 六路脉冲依次超前 60°，则相序正确；否则，应调整输入交流电源的相序。用双踪示波器同时观察同步电压和双脉冲，可确定触发脉冲的相位 α。

面板还装有六路琴键开关，可分别对每一路脉冲进行"通""断"控制，琴键开关按下时，脉冲断开，弹出时脉冲接通，可模拟三相整流电路丢脉冲或逆变电路颠覆的故障现象。

(3) 脉冲移相控制：触发脉冲相位 α 由移相控制电压 U_{ct} 端的输入电压进行控制，当 U_{ct} 端输入正信号时，脉冲前移，U_{ct} 端输入负信号时，脉冲后移，移相范围 0°～160°。偏移电压调节电位器 RP 调节脉冲的初始相位，不同的实验初始相位要求不一样。

(4) 脉冲放大电路控制：脉冲控制端 "U_{blf}" 和 "U_{blr}" 分别对 Ⅰ、Ⅱ 组晶闸管脉冲放大电路进行控制。当 U_{blf} 接地时，Ⅰ 组脉冲放大电路进行放大工作；当 U_{blr} 接地时，Ⅱ 组脉冲放大电路进行工作。

(5) Ⅰ、Ⅱ 组晶闸管和二极管整流桥：Ⅰ、Ⅱ 组晶闸管均采用 6 只上海整流器厂生产的 6 A/800 V 金属封装、过载能力强、可靠性高、干扰能力强的晶闸管，Ⅰ 组晶闸管正向放置，Ⅱ 组晶闸管反向放置，构成可逆系统。每只晶闸管的阳极和阴极用于主电路的连接，控制极提供脉冲观察。可用示波器观察晶闸管的控制极、阴极电压波形，应有幅值为 1～2 V 的双脉冲(注意：此时要逐个测试，不能同时观察两个晶闸管上的脉冲)。二极管整流桥由 6 只 6 A/800 V 二极管构成。

(6) 电流反馈及过流保护(FBC + FA)：实现电流电压信号的检测和保护，并发出过流过压告警指示信号。主控制屏输出的三相交流电源，经过电流互感器和电压互感器检测，一旦实验电流超过 2 A，电压超过 260 V，即刻断电告警指示。出现过流或过压告警指示信号后，若过流或过压故障已经排除，可通过复位按钮解除记忆，恢复正常工作。电流互感器 TA_1、TA_2、TA_3 的输出经三相桥式不可控整流电路整流后，一条支路经两电位器中点取零电流检测信号 I_z，一条支路经 RP_1 的可动触点输出取电流反馈信号 I_f，反馈强度可由 RP_1 进行调节。

使用注意事项：双脉冲及同步电压观察孔、晶闸管控制极观察孔在面板上均为小孔，仅能接示波器观测，不能输入任何信号或用导线连接。

4. NMCL-331 平波电抗器

提供电力电子技术实验中需要的平波电抗器及 RC 阻容滤波，其面板如图 3.5 所示。RC 吸收回路可消除整流引起的振荡，在做整流实验时，需接在整流桥输出端。平波电抗器可作为电感性负载使用，电感分别为 50 mH、100 mH、200 mH、700 mH，在 1 A 范围内基本保持线性。

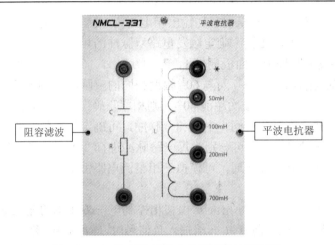

图 3.5 NMCL-331 平波电抗器实验挂箱面板

5. NMCL-07C 功率器件

NMCL-07C 实验挂箱由主回路、吸收电路、功率器件、GTR 驱动电路、GTO/MOSFET/IGBT 驱动电路五部分组成，实验挂箱面板如图 3.6 所示。

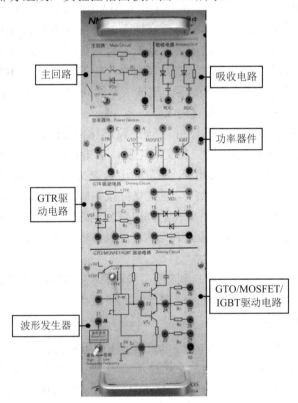

图 3.6 NMCL-07C 功率器件实验挂箱面板

(1) 主回路：提供电阻性和阻感性两种负载，可比较分析不同负载情况下，电力电子器件开关特性的差异。

(2) 吸收电路：又称缓冲电路，实验挂箱提供两组充放电型 RDC 缓冲电路，可研究有无缓冲电路时，器件对过电压和 du/dt 的抑制作用。

（3）功率器件：提供 GTR、GTO、MOSFET、IGBT 四类电力电子器件。

（4）GTR 驱动电路：由面板中波形发生器、比较器、晶体管放大电路以及阻容元器件组成典型的 GTR 驱动电路，可比较分析不同负载、不同基极电流、有无缓冲电路、有无贝克箝位电路时，GTR 开关特性的差异。

（5）GTO/MOSFET/IGBT 驱动电路：由面板中波形发生器、比较器、晶体管放大电路以及电阻器件组成典型的驱动电路，可比较分析不同负载、不同门极或栅极电流、有无缓冲电路时，GTO/MOSFET/IGBT 开关特性的差异。

使用注意事项：面板上有比较多的扳钮开关控制电源，需注意扳钮开关的通断；GTR 采用较低频率的 PWM 波形驱动，MOSFET、IGBT 采用较高的 PWM 波形驱动。

6. NMCL-03 三相可调电阻器

NMCL-03 三相可调电阻器提供可调电阻 900 Ω/0.41 A 三组，供发电机负载电阻和其他实验阻性负载用，同时也作为电机起动电阻用，如图 3.7 所示。

图 3.7　NMCL-03 三相可调电阻器实验挂箱面板

7. NMCL-22 现代电力电子电路和直流脉宽调速

NMCL-22 现代电力电子电路和直流脉宽调速实验挂箱主要由直流斩波电路、脉宽调制变换器(PWM)、SPWM 波形发生器、脉宽调制器(UPW)、逻辑延时(DLD)、电流反馈(FBA)、隔离及驱动、斩控式交流调压电路等单元组成，其面板如图3.8所示。

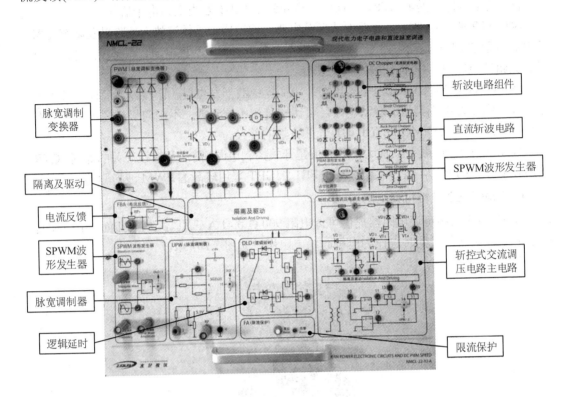

图 3.8　NMCL-22 现代电力电子电路和直流脉宽调速实验挂箱面板

(1) 直流斩波电路：面板上提供 5 V/1 A 的直流电源、绝缘栅双极晶体管 IGBT、电抗器、电阻、二极管、电容、PWM 波形发生器等组件，并画有常见的六种斩波电路(Buck、Boost、Buck-Boost、Cuk、Sepic、Zeta)原理示意图。根据原理示意图可以自行搭建不同的电路，在不同占空比下对输出电压波形、电流波形、输出电压平均值等进行分析、比较。

(2) 脉宽调制变换器(PWM)：主回路由整流电路、中间电路和 PWM 变换电路三部分构成，整流环节采用三相桥式不可控整流桥整流，中间电路采用电容稳压滤波后获得恒定直流电压，PWM 变换电路采用 H 形桥式结构，功率器件采用 600 V/8 A 的 IGBT(含反向二极管，型号为ITH08C06)。

注意：当 PWM 变换电路中主器件 IGBT 驱动电压脉冲信号按 SPWM 波规律控制，主电路可工作于"交-直-交"状态，输出可带交流负载；若 IGBT 驱动电压脉冲信号按直流 PWM 规律控制，主电路可工作于"交-直-直"状态，输出可带直流负载。

(3) SPWM 波形发生器：采用等腰三角载波和正弦调制波比较生成 SPWM 波形，三角载波和正弦调制波采用专用集成电路生成。三角载波的频率、正弦调制波的频率和幅值可由面板提供的可调电位器调节，并留有观测孔来观测波形的频率、幅值，可比较分析在不同频率或幅值下，生成的 SPWM 波形情况。

注意：当采用 SPWM 波形发生器产生的脉冲信号经逻辑延时(DLD)环节和隔离及驱

动环节来驱动主电路 IGBT 器件，可实现主电路"交–直–交"变换，进行单相交直交变频电路性能研究的实验。

(4) 脉宽调制器(UPW)：脉宽调制信号采用美国硅通用公司(Silicon General)专用集成芯片 SG3525 产生。5.1 V 直流电压经可调电位器 RP 分压后送入 SG3525 中的 9 脚，与 SG3525 的 5 脚锯齿波比较后，13 脚输出经调制(调制频率约为 10 kHz)的 PWM 波形。PWM 波形的占空比可通过 RP 电位器或"3"端外接直流电压改变 9 脚电压进行调节，占空比调节范围为 0.1~0.9。面板留有 5 脚锯齿波和 13 脚 PWM 波观测孔，便于观测波形周期、幅度、占空比等参数的变化。

(5) 逻辑延时(DLD)和隔离及驱动：SPWM 波形发生器输出"3"端或脉宽调制器 UPW 输出"2"端经逻辑延时(DLD)环节建立驱动信号死区时间，防止 H 桥同一桥臂上下两管在驱动信号翻转时出现瞬时直通事故。DLD 的"2"端和"3"端输出两组互为倒相、死区时间为 5 μs 左右的脉冲，经过光耦隔离后，由 IR2110 驱动芯片驱动四只 IGBT，其中 VT_1、VT_4 驱动信号相同，VT_2、VT_3 驱动信号相同。为了保证系统的可靠性，在控制回路设置了限流保护(FA)环节，一旦出现过流，保护电路输出两路信号，分别封锁 DLD 与门的信号输出。

使用注意事项：隔离及驱动留有四个 IGBT 驱动电压脉冲观测孔，实验过程中可用示波器观测波形，请勿用导线连接。

(6) 电流反馈(FBA)：脉宽调制变换器主电路直流侧设置电流取样，经运算放大器放大后输出电流反馈信号，反馈强度可由可调电位器 RP_1 调节。

(7) 斩控式交流调压电路主电路：主回路由 VT_1、VT_2、VD_1、VD_2 构成一双向可控开关，可对正弦交流电压进行斩波控制，VT_3、VT_4、VD_3、VD_4 给负载电流提供续流通道。脉宽调制信号由脉宽调制器 UPW 中的 SG3525 提供，占空比数值通过调节 SG3525 的"9"脚直流电压实现。可通过面板上预留的观察孔观测驱动脉冲波形、输入电压波形、输出电压电流波形。

8. 电机导轨及电机

(1) M01 直流复励发电机：$P_N = 100$ W，$n_N = 1500$ r/min，$I_N = 0.5$ A，$U_N = 220$ V。

(2) M03 直流并励电动机：$P_N = 185$ W，$n_N = 1600$ r/min，$I_N = 1.1$ A，$U_N = 220$ V。

(3) M04A 三相笼型异步电动机(带 2048 光电编码器)：$P_N = 100$ W，$n_N = 1420$ r/min，$I_N = 0.48$ A，$U_N = 220$ V。

(4) M09 三相绕线式异步电动机：$P_N = 100$ W，$n_N = 1420$ r/min，$I_N = 0.55$A，$U_N = 220$ V。

(5) M15 直流方波无刷电机：$P_N = 40$ W，$U_N = 36$ V，$I_N = 1.3$ A，$n_N = 1500$ r/min。

(6) M21A 三相永磁同步交流伺服电机：$P_N = 200$ W，$I_N = 1.5$ A，$T_N = 0.637$ N·m。

(7) 电机导轨、光电码盘和转速表。

此导轨可放置各种实验电机，并保持上下、左右同心度偏差不大于 ±5 丝，通过橡皮连轴头和编码器连接，并用底脚固定螺丝固定电机。导轨上装有 0.5 级转速表，用于指示电机正反转的转速。采用特制的低纹波系数编码器，可克服传统的测速发电机引起的不对称性以及非线性，提高测量精度，保证闭环系统的稳定。提供 6 位数字转速表，精度 0.5 级。电机导轨及电机如图 3.9 所示。

图 3.9　电机导轨及电机

9. 实验导线

实验连接导线(见图 3.10)采用高可靠、全封闭手枪插型式，内部为无氧铜抽丝而成发丝般细的 128 股线，质地柔软，护套用粗线径、防硬化化学制品制成，插头采用实心铜质件。

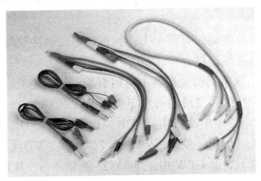

图 3.10　实验导线

3.3　实验安全操作规程

电力电子实验室，是强弱电结合的实验室。为完成电力电子技术实验，确保实验时人身安全与设备可靠运行，要严格遵守如下安全操作规程：

(1) 在实验过程中，绝对不允许双手同时接触到隔离变压器的两个输出端。

(2) 实验接线必须区分高低压，使用正确线型导线，任何接线和拆线都必须在切断主电源后方可进行。

(3) 操作中遵守实验仪器设备操作规程，注意安全，认真操作。断电条件下完成实验系统接线，经自查和指导教师检查无误后方可通电。

(4) 爱护仪器设备及其他实验室设施，实验过程中如果出现告警、异常或损坏要及时报告，说明故障现象和原因，指导教师协助排查线路及调节相关参数，确定无误后方能重新进行实验。

(5) 在实验中应注意所接仪表的最大量程，电源、器件或负载的额定参数，扳钮或给定电位器的位置，以免损坏仪表、器件或负载。

3.4　MOSFET、IGBT 的开关特性与驱动电路研究

1. 实验目的

(1) 掌握 MOSFET、IGBT 的开关特性。
(2) 熟悉 MOSFET、IGBT 开关特性的测试方法。
(3) 掌握 MOSFET、IGBT 对驱动电路及缓冲电路的要求。
(4) 掌握 MOSFET、IGBT 实用驱动线路的工作原理与调试方法。

2. 实验内容

(1) MOSFET 的开关特性与驱动电路研究。
(2) IGBT 的开关特性与驱动电路研究。

3. 实验设备及仪器

MOSFET、IGBT 的开关特性与驱动电路研究实验所需实验设备及仪器如表 3.2 所示。

表 3.2　MOSFET、IGBT 的开关特性与驱动电路研究实验所需实验设备及仪器

序号	型号及名称	备　注
1	NMCL-07C 功率器件实验挂箱	包含主回路、功率器件、驱动及缓冲电路等
2	NMCL-32 电源控制屏	实验台总电源控制屏
3	DS1102E 数字双踪示波器	
4	VC890D 数字万用表	

4. 实验预习要求

(1) 阅读 3.2.5 节中有关表 3.2 中列出挂箱的使用说明，熟悉 3.3 节实验安全操作规程以及附录中示波器和万用表的使用说明。

(2) 复习电力电子技术教材中有关电力电子器件基本特性、驱动电路、保护电路的理论知识。

(3) 掌握 MOSFET、IGBT 开关特性及其测试方法，熟悉波形观察。

(4) 使用 MATLAB/Simulink 或 Cadence/PSpice 搭建 MOSFET/IGBT 测试电路模型(参考图 3.11)，对不同负载、不同栅极电流的开关特性进行仿真分析，并研究有无缓冲电路时开关特性的差异，与理论分析比较后得出结论。

(5) 撰写实验预习报告，预习报告应包括实验目的、实验内容、实验设备及仪器、实验系统组成及工作原理、实验仿真模型建立及结果分析、疑难问题等。

5. 实验原理

(1) MOSFET 的开关特性可采用图 3.11(a)所示电路测试。图中 u_p 为矩形脉冲电压信号源，R_s 为信号源内阻，R_G 为栅极电阻，R_L 为漏极负载电阻，R_F 用于检测漏极电流。MOSFET 开关过程波形如图 3.11(b)所示。MOSFET 的开通时间 t_{on} 是开通延迟时间 $t_{d(on)}$、电流上升时间 t_{ri} 与电压下降时间 t_{fv} 之和，即 $t_{on} = t_{d(on)} + t_{ri} + t_{fv}$。MOSFET 的关断时间 t_{off} 是关断延迟时间 $t_{d(off)}$、电压上升时间 t_{rv} 和电流下降时间 t_{fi} 之和，即 $t_{off} = t_{d(off)} + t_{rv} + t_{fi}$。

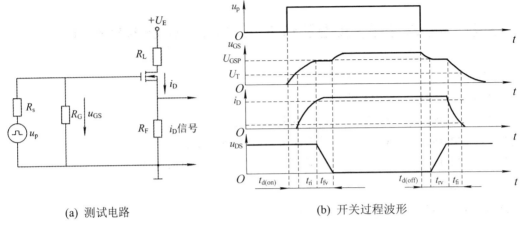

(a) 测试电路　　　　　　　　　　　(b) 开关过程波形

图 3.11　电力 MOSFET 的开关过程

(2) IGBT 开关特性测试可采用与 MOSFET 相同的测试电路，只需将被测试功率器件换作 IGBT 即可，其开关过程波形如图 3.12 所示。开通时间 t_{on} 为开通延迟时间 $t_{d(on)}$、电流上升时间 t_{ri} 与电压下降时间($t_{fv1} + t_{fv2}$)之和，即 $t_{on} = t_{d(on)} + t_{ri} + t_{fv1} + t_{fv2}$。关断时间 t_{off} 为关断延迟时间 $t_{d(off)}$、电压上升时间 t_{rv} 与电流下降时间($t_{fi1} + t_{fi2}$)之和，即 $t_{off} = t_{d(off)} + t_{rv} + t_{fi1} + t_{fi2}$。

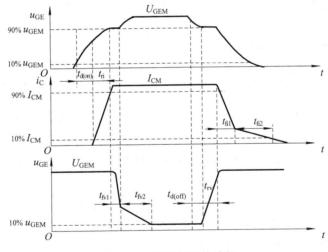

图 3.12　IGBT 的开关过程

6. 注意事项

(1) 双踪示波器的两个探头地线通过示波器外壳短接，故在使用时，必须是两个探头的地线同电位(只用一根地线即可)，以免造成短路事故。

(2) 改接线路时，必须先断开电源。

7. 实验方法

1) MOSFET 的开关特性与驱动电路研究

(1) 不同负载时 MOSFET 的开关特性测试。

① 电阻负载时开关特性测试：按照图 3.13 的说明连线。

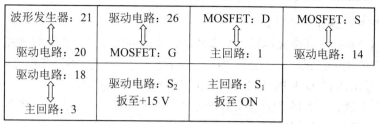

波形发生器：21 ⇕ 驱动电路：20	驱动电路：26 ⇕ MOSFET：G	MOSFET：D ⇕ 主回路：1	MOSFET：S ⇕ 驱动电路：14
驱动电路：18 ⇕ 主回路：3	驱动电路：S₂ 扳至+15 V	主回路：S₁ 扳至 ON	

图 3.13　MOSFET 开关特性测试接线图

连线完成并检查无误后，接通低压控制电路的低压电源。

以"18"端为参考地，用双踪示波器同时观察栅极驱动信号 u_{GS}(G 端)的波形及漏极电流 i_D("14"端)的波形，记录波形，并观测开通时间 t_{on} 和关断时间 t_{off}，填入表 3.3 "电阻负载"列。

② 阻感负载时开关特性测试：除将主回器部分由电阻负载改接为阻感性负载以外(即将主回路"1"端断开，将"2"端相连)，其余接线与测试方法与电阻负载相同，记录波形，并观测开通时间 t_{on} 和关断时间 t_{off}，填入表 3.3 "阻感负载"列。

③ 计算不同负载时开关时间的差值，填入表 3.3 中"差值"列，比较分析不同负载时 MOSFET 的波形和开关时间差异，分析原因，得出结论。

表 3.3　不同负载时 MOSFET 的开关特性测试

时　间	电阻负载	阻感负载	差　值
t_{on} /μs			
t_{off} /μs			

(2) 不同栅极电流时的开关特性测试。

分别测量 MOSFET 驱动电路中栅极电阻 R_6、R_7、R_8 的电阻值，填入表 3.4 中。考虑不同负载情况，按下列步骤测试并分析不同栅极电流时的开通与关断时间差异，完成表 3.4 的填写。

① 栅极电阻为 R_6 时，记录 MOSFET 的开关特性波形，并观测开通时间 t_{on} 和关断时间 t_{off}(即为表 3.3 中的测试数据)，填入表 3.4 中。

② 栅极电阻为 R_7 时，记录 MOSFET 的开关特性波形，并观测开通时间 t_{on} 和关断时间 t_{off}，填入表 3.4 中。

③ 栅极电阻为 R_8 时，记录 MOSFET 的开关特性波形，并观测开通时间 t_{on} 和关断时间 t_{off}，填入表 3.4 中。

④ 分析不同负载、不同栅极电流时，开通和关断时间数值变化趋势，与理论分析结果进行对比，得出结论。

表 3.4　不同栅极电流时 MOSFET 的开关特性测试

时　间		R_6	R_7	R_8	变化趋势
阻值/ Ω					
电阻负载	t_{on} /μs				
	t_{off} /μs				
阻感负载	t_{on} /μs				
	t_{off} /μs				

(3) 并联缓冲电路作用测试。

① 带电阻负载：主回路接电阻性负载情况，接线同图 3.13。将吸收电路中的 RDC_2 并联至 MOSFET 的漏源极（"6"端与"D"端相连，"7"端与"S"端相连），观察有无缓冲电路时，过电压和 du/dt 的抑制作用，记录波形并分析差异。

② 带阻感负载：主回路接阻感性负载情况，将主回路"1"端断开，将"2"端接入，观察有无缓冲电路时，开关波形的差异。

③ 比较分析不同负载情况下，有无缓冲电路时，开关波形的差异，并分析原因。

2) IGBT 的开关特性与驱动电路研究

(1) 不同负载时 IGBT 的开关特性测试。

① 电阻负载时开关特性测试：按照图 3.14 的说明连线。

波形发生器：21 ⇕ 驱动电路：20	驱动电路：26 ⇕ IGBT：G	IGBT：C ⇕ 主回路：1	IGBT：E ⇕ 驱动电路：14
驱动电路：18 ⇕ 主回路：3	驱动电路：S_2 扳至+15V	主回路：S_1 扳至 ON	

图 3.14　MOSFET 开关特性测试接线图

连线完成并检查无误后，接通低压控制电路的低压电源。

以"18"端为参考地，用双踪示波器同时观察，栅极驱动信号 u_{GE}(G 端)的波形及集电极电流 i_C("14"端)的波形，记录波形，并观测开通时间 t_{on} 和关断时间 t_{off}，填入表 3.5 "电阻负载"列。

② 阻感负载时开关特性测试：除将主回器部分由电阻负载改接为阻感性负载以外(将主回路"1"端断开，将"2"端相连)，其余接线与测试方法与电阻负载相同，记录波形，并观测开通时间 t_{on} 和关断时间 t_{off}，填入表 3.5 "阻感负载"列。

③ 计算不同负载时开通和关断时间的差值，填入表 3.5 中"差值"列，比较分析不同负载时 IGBT 的波形和开关时间差异，分析原因，得出结论。

表 3.5　不同负载时 IGBT 的开关特性测试

时　间	电阻负载	阻感负载	差　值
$t_{on}/\mu s$			
$t_{off}/\mu s$			

(2) 不同栅极电流时的开关特性测试。

分别测量 IGBT 驱动电路中栅极电阻 R_6、R_7、R_8 的电阻值，填入表 3.6 中。考虑不同负载情况，按下列步骤测试并分析不同栅极电流时的开通与关断时间差异，填写表 3.6。

① 栅极电阻为 R_6 时，记录 IGBT 的开关特性波形，并观测开通时间 t_{on} 和关断时间 t_{off}(即表格 3.5 中的测试数据)，填入表 3.6 中。

② 栅极电阻为 R_7 时，记录 IGBT 的开关特性波形，并观测开通时间 t_{on} 和关断时间 t_{off}，填入表 3.6 中。

③ 栅极电阻为 R_8 时，记录 IGBT 的开关特性波形，并观测开通时间 t_{on} 和关断时间 t_{off}，填入表 3.6 中。

④ 分析不同负载、不同栅极电流时，开通和关断时间数值变化趋势，与理论分析结果进行对比，得出结论。

表 3.6 不同栅极电流时 IGBT 的开关特性测试

时 间		R_6	R_7	R_8	变化趋势
阻值/Ω					
电阻负载	$t_{on}/\mu s$				
	$t_{off}/\mu s$				
阻感负载	$t_{on}/\mu s$				
	$t_{off}/\mu s$				

(3) 并联缓冲电路作用测试。

① 带电阻负载：主回路接电阻性负载情况，接线同图 3.14。将吸收电路中的 RDC_2 并联至 IGBT 的集射极("6"端与"C"端相连，"7"端与"E"端相连)，观察有无缓冲电路时，过电压和 du/dt 的抑制作用，记录波形并分析差异。

② 带阻感负载：主回路接阻感性负载情况，将主回路"1"端断开，将"2"端接入，观察有无缓冲电路时，开关波形的差异。

③ 比较分析不同负载情况下，有无缓冲电路时，开关波形的差异，并分析原因。

8. 实验报告

(1) 绘出电阻负载、阻感负载以及不同栅极电阻时的开关波形，分析不同负载时，开关波形的差异；整理表格测量数据，在图上标出 t_{on} 和 t_{off}，总结开关特性差异原因。

(2) 绘出电阻负载与阻感负载时的开关波形，分析有无并联缓冲电路时，开关波形的差异，并说明并联缓冲电路的作用。

(3) 实验的收获、体会与改进意见。

9. 思考题

(1) 增大栅极电阻可消除高频振荡，是否栅极电阻越大越好，为什么？请你分析一下，增大栅极电阻能消除高频振荡的原因。

(2) 从实验所测的数据与波形，请你说明 MOSFET/IGBT 对驱动电路的基本要求有哪些？你能否设计一个实用化的驱动电路。

(3) 从理论上说，MOSFET/IGBT 的开通、关断时间是很短的，但实验中所测得的开通、关断时间却要大得多，你能分析一下其中的原因吗？

3.5 三相桥式全控整流电路及有源逆变电路实验

1. 实验目的

(1) 掌握晶闸管整流电路触发角调试方法。

(2) 熟悉三相桥式全控整流电路的结构及工作原理。

(3) 掌握三相桥式全控整流电路的整流工作状态，以及有源逆变工作状态下的波形分析和数量关系。

(4) 掌握三相桥式全控整流电路故障状态下的波形分析。

(5) 测取直流电动机的调压调速特性。

2. 实验内容

(1) 触发电路脉冲调试方法及触发角确定。

(2) 三相桥式全控整流电路整流工作状态。

(3) 三相桥式全控整流电路有源逆变工作状态。

(4) 观察整流状态下，模拟电路故障现象时的波形。

(5) 测取直流电动机的调压调速特性(选做)。

3. 实验设备及仪器

三相桥式全控整流电路及有源逆变电路实验所需实验设备及仪器如表 3.7 所示。

表 3.7　MOSFET、IGBT 的开关特性与驱动电路研究实验所需实验设备及仪器

序号	型号及名称	备　注
1	NMCL-31 低压控制电路及仪表	给定、低压电源、测量仪表等
2	NMCL-32 电源控制屏	实验台总电源控制屏
3	NMCL-33 触发电路和晶闸管主回路	脉冲观察、脉冲放大及移相控制、整流桥
4	NMCL-03 三相可调电阻器	6 个 900 Ω/0.41 A 可调电阻
5	NMCL-331 平波电抗器	700 mH 平波电抗器及 RC 阻容滤波
6	NMCL-35 三相变压器	
7	电机导轨及测速发电机、直流电动机 M03	
8	DS1102E 数字双踪示波器	
9	VC890D 数字万用表	

4. 实验预习要求

(1) 阅读 3.2.5 节中有关表 3.7 列出挂箱的使用说明，熟悉 3.3 节实验安全操作规程以及附录中示波器和万用表的使用说明。

(2) 复习电力电子技术教材中，三相桥式全控整流电路的结构、工作原理、波形分析、数量关系、负载影响等理论知识。

(3) 掌握整流电路触发脉冲波形以及触发角调整方法。

(4) 参考 1.2 节内容，完成以下仿真预习任务。

① 在 MATLAB/Simulink 环境下搭建三相桥式全控整流电路仿真模型，并完成参数设置。

② 在 $\alpha=0°$ 和 $\alpha=60°$ 时，记录晶闸管 6 脉冲发生器输出的脉冲波形，并与三相交流电压波形相比较，分析触发角的确定方法。

③ 在电阻性负载和阻感性负载两种情况下，取 $\alpha=30°$、$\alpha=60°$、$\alpha=90°$，记录

负载电压波形、负载电流波形、晶闸管 VT_1 两端电压波形，记录负载电压、电流平均值并与理论值进行比较。

④ 在电阻性负载和阻感性负载两种情况下，取 $\alpha = 90°$、$\alpha = 120°$、$\alpha = 150°$，记录负载电压波形、负载电流波形、晶闸管 VT_1 两端电压波形，记录负载电压、电流平均值并与理论值进行比较。

⑤ 将仿真模型中电阻负载换为直流电动机，测试直流电动机空载时的机械特性(选做)。

(5) 撰写实验预习报告，预习报告应包括实验目的、实验内容、实验设备及仪器、实验系统组成及工作原理、实验仿真模型建立及结果分析、疑难问题等。

5. 实验原理

1) 三相桥式全控整流电路整流工作状态($0° < \alpha < 90°$)

三相桥式全控整流电路采用 6 只晶闸管构成桥式结构的 6 个桥臂，输入为变压器二次侧三相交流电源，输出负载获得直流电流。共阴极组晶闸管编号为 VT_1、VT_3、VT_5，共阳极组晶闸管编号为 VT_4、VT_6、VT_2，原理如图 3.15(a)所示。

三相桥式全控整流电路工作原理：每隔 $60°$ 依次导通 VT_1、VT_2、VT_3、VT_4、VT_5、VT_6 六只晶闸管，每只晶闸管持续导通 $120°$，任何时刻均有两只晶闸管同时导通(电流连续条件下)。根据工作原理，可将一个周期等分为六个区段，每区段 $60°$，每区段中导通的晶闸管情况如表 3.8 所示。

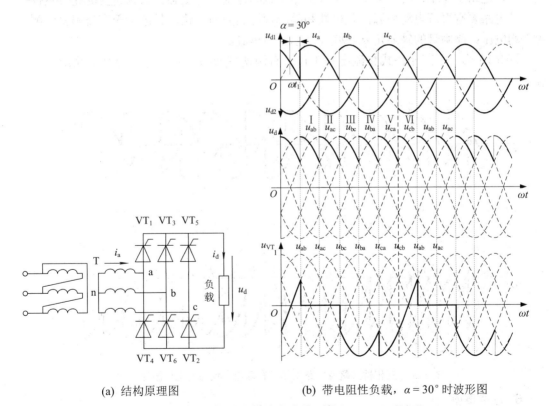

(a) 结构原理图　　(b) 带电阻性负载，$\alpha = 30°$ 时波形图

图 3.15　三相桥式全控整流电路原理图及 $\alpha = 30°$ 时波形

表 3.8 三相桥式全控整流电路工作原理

α	α+60°	α+120°	α+180°	α+240°	α+300°	α+360°	
1	2	3	4	5	6	1	2
VT$_1$	VT$_1$						
	VT$_2$	VT$_2$					
		VT$_3$	VT$_3$				
			VT$_4$	VT$_4$			
				VT$_5$	VT$_5$		
VT$_6$						VT$_6$	VT$_6$
						VT$_1$	VT$_1$

按照工作原理表 3.8，三相桥式全控整流电路的原理分析步骤如下：

(1) 确定触发角 α 的相位，从 α 角开始每隔 60°划分为一个区段。

(2) 根据工作原理表，标注每个区段导通的晶闸管编号。

(3) 结合结构原理图，分析并绘制输出电压波形、输出电流波形、晶闸管承受电压波形等。

例如，电阻性负载，α = 30°时的波形如图 3.15(b)所示。

2) 三相桥式全控整流电路有源逆变工作状态(90°<α<180°)

交流侧与电网相连接的逆变称为有源逆变。三相桥式全控整流电路，在电路形式未变，只是电路工作条件转变情况下，可工作于有源逆变工作状态。有源逆变的充要条件为：外电路要有直流电动势源，其极性和晶闸管导通方向一致，其值大于变流器直流侧的平均电压；晶闸管的触发角 α>90°，使 U_d 为负值。

图 3.16 给出了三相桥式整流电路工作于有源逆变状态，不同逆变角时的输出电压波形。

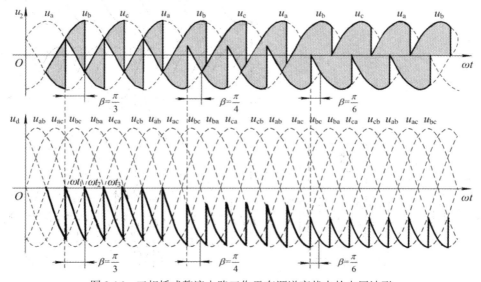

图 3.16 三相桥式整流电路工作于有源逆变状态的电压波形

6. 注意事项

(1) 双踪示波器的两个探头地线通过示波器外壳短接，故在使用时，必须是两个探头的地线同电位(只用一根地线即可)，以免造成短路事故。

(2) 改接线路时，必须先断开电源。

(3) 触发脉冲的观测孔不能用导线与晶闸管的门极相连，否则会烧坏触发板。

(4) 电动机在工作前要先加上励磁。

(5) 电动机启动前要先检查给定旋钮是否在零位上，以避免突加电压起动造成过流。

7. 实验方法

1) 触发电路脉冲调试

(1) 打开 NMCL-31 上的低压电源开关，用示波器观察 NMCL-33 的双脉冲观察孔，应有间隔均匀(相互间隔 60°)、幅度相同的双脉冲，记录脉冲波形。

(2) 检查相序：以 NMCL-33 "地" 为参考点，用双踪示波器同时观察 "1" 和 "2" 脉冲观察孔，若 "1" 脉冲超前 "2" 脉冲 60°，则相序正确，否则，应调整输入交流电源的相序。检查完毕后，断开 "低压直流电源"。

(3) 将 NMCL-33 板上的 U_{blf} 接地，将 I 组桥式触发脉冲的六个琴键开关均拨到 "接通" (处于弹起状态)。接通 "低压直流电源"，以每个晶闸管的阴极为参考，用示波器的一个探头逐个观察每个晶闸管的控制极、阴极的电压波形，应有幅值为 1～2 V 的双脉冲，记录触发脉冲波形。(注意：此时要逐个测试，不能同时观察两个晶闸管上的脉冲。)

(4) NMCL-31 面板上给定器输出 U_g 接至 NMCL-33 面板的 U_{ct} 端，将给定器输出 U_g 调至零位，调节偏移电压 U_b，使 $\alpha = 120°$，完成触发脉冲零位调整。具体方法为：以 NMCL-33 挂箱 "地" 为参考点，用双踪示波器的一路接 W 相同步电压观察孔，另一路接 "1" 脉冲观察孔，调节偏移电压 U_b 电位器，使双脉冲的第一个脉冲前沿刚好对应于 W 相同步电压的负峰值点，记录触发脉冲相位波形。(注意：示波器两路输入的横轴必须重合，否则将会产生误差；一旦调整好触发脉冲零位，就不能再次调节偏移电压 U_b。)

2) 三相桥式全控整流电路整流工作状态

断电条件下按图 3.17 接线，U、V、W 为 NMCL-32 挂箱三相交流电源；电流表采用 NMCL-31 挂箱中直流电流表；负载 R_d 采用 NMCL-03 挂箱 900 Ω 可调电阻器，并调至最大。

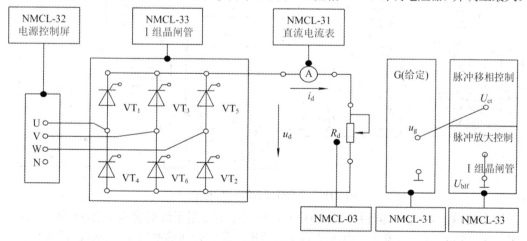

图 3.17　三相桥式全控整流电路

给定器输出 U_g 电位器连接至脉冲移相控制电压 U_{ct}，合上低压直流电源，按以下步骤完成不同触发角时整流电路波形观测和数据测量，填写表 3.9。

① 调节给定输出 U_g 电位器，将晶闸管触发角调至 $\alpha = 30°$ (具体方法：用双踪示波器的一路接 W 相同步电压观察孔，另一路接"1"脉冲观察孔，调节给定 U_g 电位器，使双脉冲的第一个脉冲前沿刚好对应于 W 相同步电压的由正到负过零点)，记录触发脉冲与同步电压波形。

合上主电源，用示波器观察记录 $\alpha = 30°$ 时，整流输出电压 $U_d = f(t)$ 波形，晶闸管两端电压 $U_{VT1} = f(t)$ 的波形，并记录相应的整流输出电压 U_d 和交流输入电压 U_2 数值，填写表 3.9，并验证是否与 U_d 理论计算值相符。断开主电源。

② 采用与①相同的实验方法，在 $\alpha = 60°$、$\alpha = 90°$ 时，观察记录整流输出电压 $U_d = f(t)$ 波形，晶闸管两端电压 $U_{VT1} = f(t)$ 的波形，并记录相应的整流输出电压 U_d 和交流输入电压 U_2 数值，填入表 3.9。

③ 根据表 3.9 中数据，分析理论值和测量值间的误差，及产生误差的原因。

表 3.9　不同 α 时整流输出电压测试

$\alpha /(°)$	U_2 /V	测量值 U_d /V	测量值 U_d /U_2	理论值 U_d /V
30				
60				
90				

注：对于电阻性负载，$U_d = 2.34 U_2 \cos \alpha$, $0° \leqslant \alpha \leqslant 60°$；$U_d = 2.34 U_2 [1 + \cos (\pi/3 + \alpha)]$, $60° \leqslant \alpha \leqslant 120°$。

3) 三相桥式全控整流电路有源逆变工作状态

断电条件下按图 3.18 接线，U、V、W 为 NMCL-32 挂箱三相交流电源；电流表采用 NMCL-31 挂箱中直流电流表；负载 R_d 采用 NMCL-03 挂箱 900 Ω 可调电阻器，并调至最大；阻容滤波 RC 电路和平波电抗器位于 NMCL-331 挂箱；二极管不可控整流电路采用 NMCL-33 挂箱二极管不可控整流电路。

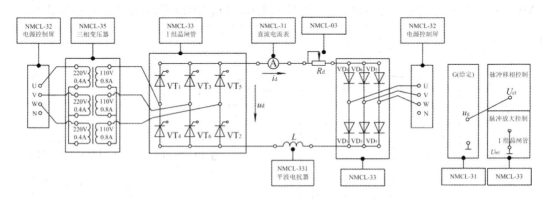

图 3.18　三相桥式有源逆变电路

给定器输出 U_g 电位器连接至脉冲移相控制电压 U_{ct}。用示波器观察记录 $\alpha = 90°$、$\alpha = 120°$、$\alpha = 150°$ 时，整流输出电压 $U_d = f(t)$ 波形，晶闸管两端电压 $U_{VT1} = f(t)$ 的波形，并记录相应的整流输出电压 U_d 和交流输入电压 U_2 数值，填写表 3.10，验证是否与 U_d 理论计算值相符。

表 3.10　不同 α 时有源逆变输出电压测试

$\alpha/(°)$	U_2/V	测量值 U_d/V	测量值 U_d/U_2	理论值 U_d/V
90				
120				
150				

4) 电路模拟故障现象观察($\alpha = 30°$)

(1) 在整流状态时，断开某一晶闸管元件的触发脉冲开关(依次按下触发脉冲的六个开关中的一个)，若该元件无触发脉冲即该支路不能导通，观察并分别记录此时的 u_d 波形。

(2) 断开两只晶闸管元件的触发脉冲开关(任意按下触发脉冲六个开关中的两个)，观察并分别记录此时的 u_d 波形。

(3) 断开三只晶闸管元件的触发脉冲开关(任意按下触发脉冲六个开关中的三个)，观察并分别记录此时的 u_d 波形。

5) 晶闸管直流电动机系统的调压调速特性测试(选做)

(1) 系统零位调整。U_{ct} 接地，观察触发脉冲的相位是否为 $\alpha = 90°$ (注意：同步信号 $30°$ 的点为自然换相点，即 $\alpha = 0°$ 的点)。具体方法：用双踪示波器同时观察 NMCL-33 板上的 V 相同步信号和"1"号孔触发脉冲，调节偏移电压使"1"号触发脉冲与 V 相电压的由负到正过零点相对应，则此时 $\alpha = 90°$，触发脉冲的相位关系如图 3.19 所示。

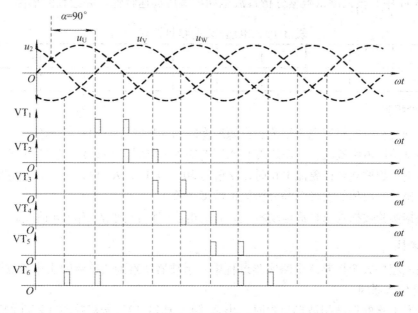

图 3.19　三相桥式全控整流触发脉冲相位确定

(2) 按图 3.20 所示接线，将电阻负载换为直流电动机 M03，将电流表串联到电枢回路中，直流电动机接上 NMCL-32 直流电机励磁电源，并将输出电压选择扳钮打到"直流调速"侧。电动机空载，打开电机导轨上测速计的电源。

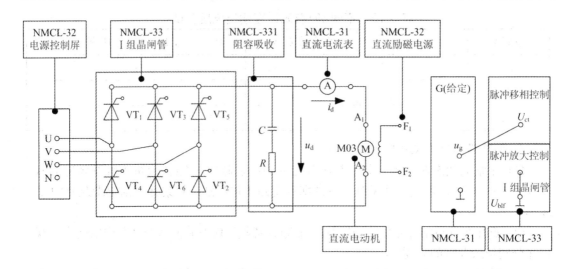

图 3.20　三相桥式全控整流电路带电机负载电路

(3) 给定器输出 U_g 连接至脉冲移相控制电压 U_{ct}。将 U_g 调至零位，合上直流励磁电源和三相交流电源，在保证有励磁电流的前提下，逐渐增加 U_g，使电动机起动起来。注意观察此时电流表的数值，应在 0.1 A 左右(如果电动机不转，且电流表的读数迅速增大，说明励磁电源未接上)。

观察转速值，在 0～1600 r/min 之间取 10 个数据，同时测量电动机电枢两端的电压，记录在表 3.11 中。根据测试数据分析直流电动机调压调速特性，并绘制波形图。

表 3.11　电压-转速特性测试

U_d/V										
n/(r/min)										

8. 实验报告

(1) 绘制三相桥式整流电路整流和有源逆变时的移相特性 $f(\alpha) = U_d$ 曲线。

(2) 绘制整流电路整流和有源逆变状态下的输入-输出特性 $f(\alpha) = U_d/U_2$ 曲线。

(3) 绘制三相桥式全控整流电路时，α 角为 30°、60°、90° 时的 u_d、u_{VT} 波形图。

(4) 画出模拟故障的波形图并分析模拟故障现象。

(5) 根据实验数据画出直流电动机空载时的电压-速度特性 $f(U_d) = n$ 曲线。

9. 思考题

(1) 在三相桥式全控整流电路实验过程中，示波器观察到的整流输出电压波形不整齐，请问是什么原因。

(2) 触发电路的调试和波形观察时，出现"1"号和"2"号双脉冲观察孔的脉冲等相位，请问是什么原因。

(3) 整流电路从整流状态向逆变切换时，对主电路和 α 角有什么要求？为什么？

(4) 电路模拟故障现象观察时，为什么断掉不同晶闸管脉冲对应的整流输出电压波形不同？请以 VT_1 和 VT_2 为例说明。

3.6 直流斩波电路的性能研究

1. 实验目的

(1) 熟悉降压斩波(Buck)、升压斩波(Boost)、升降压斩波(Buck-Boost)三种基本斩波电路的组成和工作原理。

(2) 熟悉 PWM 驱动信号及 IGBT 的基本特性。

(3) 掌握三种基本斩波电路的波形分析及数量关系。

2. 实验内容

(1) PWM 驱动电路信号性能测试。

(2) 降压斩波电路的输出波形观察及电压测试。

(3) 升压斩波电路的输出波形观察及电压测试。

(4) 升降压斩波电路的输出波形观察及电压测试。

3. 实验仪器及设备

直流斩波电路性能测试实验所需实验设备及仪器如表 3.12 所示。

表 3.12 直流斩波电路性能测试实验所需实验设备及仪器

序号	型号及名称	备 注
1	NMCL-31 低压控制电路及仪表	给定、低压电源、测量仪表等
2	NMCL-32 电源控制屏	实验台总电源控制屏
3	NMCL-22 现代电力电子电路和直流脉宽调速	直流斩波电路、PWM 波形发生器等
4	DS1102E 数字双踪示波器	
5	VC890D 数字万用表	

4. 实验预习要求

(1) 阅读 3.2.5 节中有关表 3.12 列出挂箱的使用说明,熟悉 3.3 节实验安全操作规程以及附录中示波器和万用表的使用说明。

(2) 复习电力电子技术教材中三种基本斩波电路的结构、工作原理、波形分析、数量关系等理论知识。

(3) 复习 PWM 控制技术原理以及占空比调节方法。

(4) 参考 1.4 节或 2.2 节的内容,完成以下仿真预习任务:

① 使用 MATLAB/Simulink 或 Cadence/PSpice 搭建三种基本斩波电路仿真模型,并完成参数设置。

② 测试不同占空比下 PWM 驱动信号波形的差异,分析 PWM 波形频率和占空比变化范围。

③ 针对每一种斩波电路,选择 3 个不同的占空比,记录输出电压波形、输出电流波形,测量输出电压平均值,并将测量值与理论计算值进行比较。

(5) 撰写实验预习报告,预习报告应包括实验目的、实验内容、实验设备及仪器、实验系统组成及工作原理、实验仿真模型建立以及仿真实验和结果分析、疑难问题等。

5. 注意事项

(1) 直流斩波电路实验中，电源采用 NMCL-22 挂箱右上角 5 V/1 A 的直流电源，请勿使用其他挂箱或控制屏直流电源。

(2) 改接线路前，要断开主电路电源。

6. 实验原理

最基本的直流斩波电路包括降压斩波电路(Buck Chopper)、升压斩波电路(Boost Chopper)和升降压斩波电路(Buck-Boost Chopper)。

1) 降压斩波电路

降压斩波电路的原理图及工作波形如图 3.21 所示。电感值 L 较大，电流连续时，$t = 0$时刻驱动 V 导通，电源 E 向负载供电，负载电压 $u_o = E$，负载电流 i_o 按指数曲线上升；$t = t_1$ 时，控制 V 关断，二极管 VD 续流，负载电压 u_o 近似为零，负载电流 i_o 按指数曲线下降。

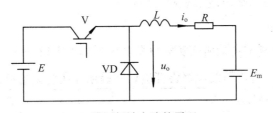

(a) 降压斩波电路的原理

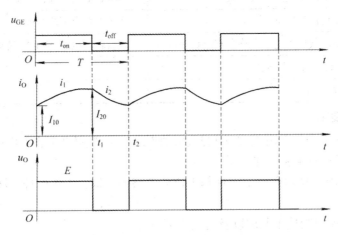

(b) 降压斩波电路的电流连续时的波形

图 3.21 降压斩波电路的原理及工作波形

负载电压的平均值为

$$U_o = \frac{t_{on}}{t_{on} + t_{off}} E = \frac{t_{on}}{T} E = \alpha E \tag{3.1}$$

负载电流平均值为

$$I_o = \frac{U_o - E_m}{R} \tag{3.2}$$

2) 升压斩波电路

升压斩波电路的原理图及工作波形如图 3.22 所示。假设 L 和 C 值很大，V 处于通态时，电源 E 向电感 L 充电，电流恒定 I_1，电容 C 向负载 R 供电，输出电压 U_o 恒定；V 处于断态时，电源 E 和电感 L 同时向电容 C 充电，并向负载提供能量。

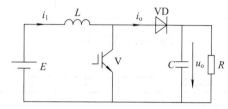

(a) 升压斩波电路的原理

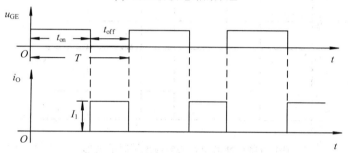

(b) 升压斩波电路的电流连续时的波形

图 3.22　升压斩波电路的原理及工作波形

负载电压的平均值为

$$U_o = \frac{t_{on} + t_{off}}{t_{off}} E = \frac{T}{t_{off}} E = \frac{1}{1-\alpha} E \tag{3.3}$$

负载电流平均值为

$$I_o = \frac{U_o}{R} = \frac{1}{1-\alpha} \frac{E}{R} \tag{3.4}$$

电源电流为

$$I_1 = \frac{U_o}{E} I_o = \frac{1}{(1-\alpha)^2} \frac{E}{R} \tag{3.5}$$

3) 升降压斩波电路

升压斩波电路的原理及工作波形如图 3.23 所示。假设 L 和 C 值很大，V 处于通态时，电源 E 经 V 向 L 供电使其储能，此时电流为 i_1，同时 C 维持输出电压恒定并向负载 R 供电。V 关断时，L 的能量向负载释放，电流为 i_2，负载电压极性为上负下正，与电源电压极性相反，该电路也称作反极性斩波电路。

负载电压的平均值为

$$U_o = \frac{t_{on}}{t_{off}} E = \frac{t_{on}}{T - t_{on}} E = \frac{\alpha}{1-\alpha} E \tag{3.6}$$

电源电流和负载电流的平均值关系为

$$I_2 = \frac{t_{off}}{t_{on}} I_1 = \frac{1-\alpha}{\alpha} I_1 \tag{3.7}$$

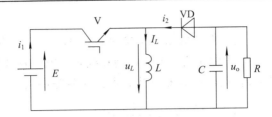

(a) 升降压斩波电路的原理

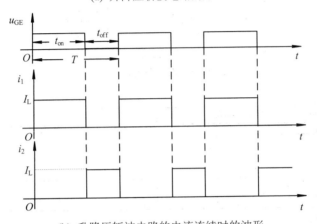

(b) 升降压斩波电路的电流连续时的波形

图 3.23　升降压斩波电路的原理及工作波形

7. 实验方法

1) PWM 波形发生器性能测试

用示波器测量 PWM 波形发生器的"VT-G"孔和地之间的波形。调节占空比调节旋钮，记录输出 PWM 波形，并测量驱动波形的频率以及占空比的调节范围，填入表 3.13。

表 3.13　PWM 波形发生器性能测试

测试项	最小值	最大值
频率/Hz		
占空比/ %		

2) 降压斩波电路的调试

(1) 连接电路。断开主电路电源，参考图 3.21(a)接线(不考虑图中电动势 E_m)，或按照图 3.24 的说明连线。

直流电源："+" ⇕ IGBT：C	IGBT：E ⇕ L_2：7	L_2：8 ⇕ R：11	R：12 ⇕ 直流电源："-"
驱动电路：18 ⇕ 主回路：3	驱动电路：S_2 扳至+15 V	主回路：S_1 扳至 ON	VD：6 ⇕ 直流电源："-"

注：直流电源位于 NMCL-22 实验挂箱最右上角。

图 3.24　降压斩波电路接线图

(2) 观察负载电压、电流波形。经检查电路无误后，接通主电路的电源(NMCL-32 总电源开关)，用万用表测量直流斩波电路电源电压数值(NMCL-22 实验挂箱的右上角)，填入表 3.14 表头处。

调节 PWM 波形发生器的电位器，即改变驱动脉冲的占空比。首先用示波器观察并记录 PWM 波形和占空比，然后用示波器记录降压斩波电路的输出电压波形(VD 两端的波形)和负载电流波形(电阻 R 两端的波形)，用万用表测量输出电压的平均值 U_o(VD 两端)，并作为第 1 项测试值填入表 3.14。

同样的方法，再从 0～100 % 之间选择 4 个不同的占空比，记录负载电压波形、负载电流波形，测量输出电压的平均值 U_o，作为第 2～5 项测试值填入表 3.14，并将测量值与理论值进行比较。

(3) 计算不同占空比 α 下，降压斩波电路输出电压平均值 U_o 与输入电压 E 的比值，绘制 $E/U_o - \alpha$ 曲线，并分析变化趋势，得出结论。

表 3.14 降压斩波电路实验数据

降压斩波电路直流电源电压 E(V)：_____

测试项	1	2	3	4	5
占空比 α/ %					
U_o 测量值/V					
U_o 理论值/V					

注：$U_o = \alpha E$。

3) 升压斩波电路的调试

(1) 连接电路。断开主电路电源，参考图 3.22(a)接线，或按照图 3.25 的说明连线。

直流电源："＋"	L_1: 2	VD: 5	R: 12	PWM: VT-G
⇩	⇩	⇩	⇩	⇩
L_1: 1	VD: 6	R: 11	直流电源："-"	IGBT: G
PWM: 地	IGBT: C	IGBT: E	C_2: 9	C_2: 10
⇩	⇩	⇩	⇩	⇩
IGBT: E	L_1: 2	直流电源："-"	R: 11	R: 12

注：直流电源位于 NMCL-22 实验挂箱右上角。

图 3.25 升压斩波电路接线图

(2) 观察负载电压波形。经检查电路无误后，接通主电路的电源(NMCL-32 总电源开关)，用万用表测量直流斩波电路电源电压数值(NMCL-22 实验挂箱右上角)，填入表 3.15 表头处。

调节 PWM 波形发生器的电位器，即改变驱动脉冲的占空比。首先用示波器观察并记录 PWM 波形和占空比，然后用示波器记录升压斩波电路的输出电压波形(R 两端的波形)，最后用万用表测量输出电压的平均值 U_o(R 两端)，并将数值填入表 3.15 中。

同样的方法，再从 0～100 % 之间选择 4 个不同的占空比，记录负载电压波形，测量输出电压的平均值 U_o，填入表 3.15 中，并将测量值与计算值进行比较。

(3) 计算不同占空比 α 下，升压斩波电路输出电压平均值 U_o 与输入电压 E 的比值，

绘制 $E/U_o\text{-}\alpha$ 曲线，并分析变化趋势，得出结论。

表 3.15　升压斩波电路实验数据

升压斩波电路直流电源电压 $E(\text{V})$：＿＿＿

测试项	1	2	3	4	5
占空比 α /%					
U_o 测量值/V					
U_o 理论值/V					

注：$U_o = E/(1-\alpha)$。

4) 升降压斩波电路的调试

(1) 连接电路。断开主电路电源，参考图 3.23(a) 接线，或按照图 3.26 的说明连线。

直流电源："＋" ⇕ IGBT: C	IGBT: E ⇕ VD: 5	VD: 6 ⇕ R: 11	R: 12 ⇕ 直流电源："-"	PWM: VT-G ⇕ IGBT: G
PWM: 地 ⇕ IGBT: E	IGBT: E ⇕ L_1: 1	L_1: 2 ⇕ 直流电源："-"	C_2: 9 ⇕ R: 11	C_2: 10 ⇕ R: 12

注：直流电源位于 NMCL-22 实验挂箱右上角。

图 3.26　升降压斩波电路接线图

(2) 观察负载电压波形。经检查电路无误后，接通主电路的电源(NMCL-32 总电源开关)，用万用表测量直流斩波电路电源电压数值(NMCL-22 实验挂箱右上角)，填入表 3.16 表头处。

调节 PWM 波形发生器的电位器，即改变驱动脉冲的占空比。首先用示波器观察并记录 PWM 波形和占空比，然后用示波器记录升降压斩波电路的输出电压波形(R 两端的波形)，最后用万用表测量输出电压的平均值 U_o(R 两端)，并作为第 1 项测试值填入表 3.16 中。

同样的方法，再从 0～100 % 之间选择 4 个不同的占空比，记录负载电压波形，测量输出电压的平均值 U_o，作为第 2～5 项测试值填入表 3.16 中，并将测量值与理论值进行比较。

(3) 计算不同占空比 α 下，升降压斩波电路输出电压平均值 U_o 与输入电压 E 的比值，绘制 $E/U_o - \alpha$ 曲线，并分析变化趋势，得出结论。

表 3.16　升降压斩波电路实验数据

升降压斩波电路直流电源电压 $E(\text{V})$：＿＿＿

测试项	1	2	3	4	5
占空比 α /%					
U_o 测量值/V					
U_o 理论值/V					

注：$U_o = \alpha E/(1-\alpha)$。

8．实验报告

(1) 按照实验要求记录实验波形和数据，并分析各种斩波电路在不同占空比驱动下的输出电压情况。

(2) 计算不同占空比 α 下，升压斩波电路输出电压平均值 U_o 与输入电压 E 的比值，绘制 $E/U_o - \alpha$ 曲线，并与理论分析进行比较，讨论产生差异原因，得出结论。

9．思考题

(1) 更改斩波电路中连接的电感和电容，会对输出负载电压或电流产生何种影响？

(2) 占空比的调节范围为什么不是 0～100 %？占空比的选取有何规律？

(3) 能否构成闭环的直流斩波控制系统，如何实现？

3.7　单相交直交变频电路的性能研究

1．实验目的

(1) 掌握单相交直交变频电路的结构及工作原理。

(2) 掌握调制法生成单相桥式 PWM 逆变电路驱动信号的工作原理。

(3) 掌握单相交直交变频电路在电阻负载、阻感负载时的工作原理及其波形分析。

(4) 熟悉异步调制和同步调制，研究调制波和载波频率对电路工作波形的影响。

2．实验内容

(1) 测量 SPWM 波形产生过程中的各点波形。

(2) 测量逻辑延时时间，测试 PWM 波形死区时间。

(3) 观察变频电路在不同负载、不同载波比时的输出波形。

3．实验仪器及设备

单相交直交变频电路的性能研究实验所需实验设备及仪器如表 3.17 所示。

表 3.17　单相交直交变频电路性能研究实验所需实验设备及仪器

序号	型号及名称	备　注
1	NMCL-31 低压控制电路及仪表	给定、低压电源、测量仪表等
2	NMCL-32 电源控制屏	实验台总电源控制屏
3	NMCL-22 现代电力电子电路和直流脉宽调速	脉宽调制变换器、SPWM 波形发生器、隔离及驱动等
4	NMCL-03 三相可调电阻器	6 个 900 Ω/0.41 A 可调电阻
5	NMCL-331 平波电抗器	700 mH 平波电抗器及 RC 阻容滤波
6	DS1102E 数字双踪示波器	
7	VC890D 数字万用表	

4．实验预习要求

(1) 阅读 3.2.5 节中有关表 3.17 列出挂箱的使用说明，熟悉 3.3 节实验安全操作规程以及附录中示波器和万用表的使用说明。

(2) 复习电力电子技术教材中带电容滤波的不可控整流电路、单相桥式电压型逆变电路的工作原理、波形分析、数量关系等理论知识。

(3) 复习 PWM 控制技术的基本原理、调制法生成 SPWM 波的方法、异步调制和同步调制等相关理论知识。

(4) 参考 1.2 和 1.3 节内容，完成以下仿真预习任务：

① 使用 MATLAB/Simulink 或 Cadence/PSpice 搭建单相交直交变频主电路仿真模型，并完成参数设置。

② 搭建控制回路中 SPWM 生成模块，并对调制波和三角波参数进行设置，完成 PWM 驱动信号的测试，分析不同载波比下 SPWM 波形的差异。

③ 异步调制方式下，保持三角波频率不变，选择 3 个不同的载波比，观察并记录不同正弦波频率和幅值以及不同负载时，负载电压和负载电流的波形。

④ 同步调制方式下，在载波比不变的前提下，选择 3 个不同的正弦波频率，观察并记录不同负载时，负载电压和负载电流的波形。

(5) 撰写实验预习报告，预习报告应包括实验目的、实验内容、实验设备及仪器、实验系统组成及工作原理、实验仿真模型建立以及仿真实验和结果分析、疑难问题等。

5. 注意事项

(1) 在 PWM 变换电路中，若主器件 IGBT 驱动电压脉冲信号按 SPWM 波规律控制，主电路可工作于"交-直-交"状态，输出可带交流负载；若 IGBT 驱动电压脉冲信号按直流 PWM 规律控制，主电路可工作于"交-直-直"状态，输出可带直流负载。

(2) 隔离及驱动留有 IGBT 驱动电压脉冲观测孔，实验过程中可用示波器观测波形，勿用导线连接。

(3) 实验过程中，PWM 主电路中，1 端和 3 端需用导线连接；6 端和 7 端可外接负载，面板上仅示意"电机"符号，没有接电机；8 端和 9 端示意的电感需要外接；7 端和 9 端挂箱内部接有滤波电容，可并联至电阻两端，滤除输出的直流谐波。

6. 实验原理

单相交直交变频电路的主电路如图 3.27(a)所示。

主回路由整流电路、中间电路和逆变电路三部分构成。其中，整流环节采用三相桥式不可控整流桥整流，中间电路采用电容稳压滤波后获得恒定直流电压，逆变电路采用电压型单相桥式 PWM 逆变电路。逆变电路中功率器件采用 600 V/8 A 的 IGBT(含反向二极管，型号为 ITH08C06)。

控制电路由 SPWM 波形发生器、逻辑延时、隔离及驱动电路构成。其中，SPWM 波形发生器采用等腰三角载波和正弦调制波比较生成 SPWM 波形，三角载波的频率、正弦调制波的频率和幅值可由可调电位器调节。SPWM 波形发生器输出经逻辑延时(DLD)环节建立驱动信号死区时间，防止 H 桥同一桥臂上下两管在驱动信号翻转时，出现瞬时直通事故。DLD 输出两组互为倒相、死区时间为 5 μs 左右的 PWM 脉冲信号，经过光耦隔离后，由美国国际整流器公司生产的大规模专用驱动集成电路 IR2110 驱动四只 IGBT，其中 VT$_1$、VT$_4$ 驱动信号相同，VT$_2$、VT$_3$ 驱动信号相同。为了保证系统的可靠性，在控制回路设置了限流保护(FA)环节，一旦出现过流，保护电路输出二路信号，分别封锁两路 DLD 与门的信号输出。

图 3.27(b)给出了 IGBT 驱动电压脉冲波形及变频电路输出电压 u_o 的波形。当逆变电路采用双极性 PWM 控制方式时，在调制信号 u_r 和载波信号 u_c 的交点时刻，控制各开关器件的通断。当 $u_r > u_c$ 时，V_1 和 V_4 导通，V_2 和 V_3 关断，这时如果 $i_o > 0$，则 V_1 和 V_4 导通，如果 $i_o < 0$，则 VD_1 和 VD_4 导通，但无论是哪种情况，都是 $u_o = U_d$。当 $u_r < u_c$ 时，V_2 和 V_3 导通，V_1 和 V_4 关断，这时如果 $i_o < 0$，则 V_2 和 V_3 导通，如果 $i_o > 0$，则 VD_2 和 VD_3 导通，但无论是哪种情况，都是 $u_o = -U_d$。

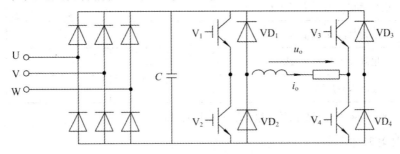

(a) 单相交直交变频电路的主电路

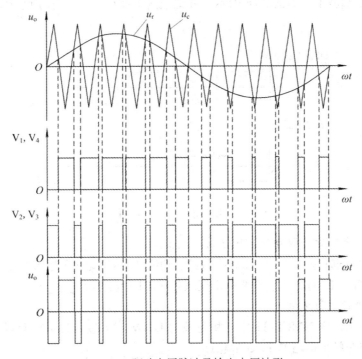

(b) IGBT 驱动电压脉冲及输出电压波形

图 3.27　单相交直交变频电路结构原理及驱动脉冲波形

7. 实验方法

1) SPWM 波形观察

(1) 观察 SPWM 波形发生器输出的正弦调制信号 u_r 波形("2"端与"地(8)"端)，

调节正弦波频率电位器和正弦波幅值电位器，测试其频率和幅值可调范围，填入表 3.18 中。

(2) 观察三角形载波 u_c 的波形(1 端与"地(8)"端)，调节"三角波频率"电位器，测出其频率可调范围，填入表 3.18 中，并计算载波比。

(3) 观察经过三角波和正弦波比较后得到的 SPWM 波形(3 端与"地(8)"端)。

表 3.18　SPWM 波形测试实验数据

测试项	最小值	最大值
正弦调制波 u_r 频率 f_r/Hz		
正弦调制波 u_r 幅值/V		
三角载波 u_c 频率 f_c/Hz		
载波比 $N = f_c / f_r$		

注：载波频率 f_c 与调制信号频率 f_r 之比 N 称为载波比。

2) 逻辑延时时间测试

将 SPWM 波形发生器的 3 端与 DLD(逻辑延时)的 1 端相连，用双踪示波器同时观察 DLD 的 2 端和 3 端波形，如图 3.28 所示，并记录两个波形间的延时时间 t_d=_____。

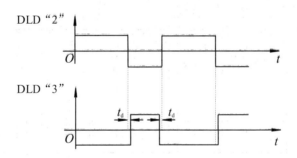

图 3.28　死区延时时间示意图

3) 同一桥臂上下管子驱动信号死区时间测试

用双踪示波器同时测量 G_1、E_1 和 G_2、E_2 的驱动信号波形，记录死区时间 $t_{d.V1V2}$=_____。测量 G_3、E_3 和 G_4、E_2 的驱动信号波形，记录死区时间 $t_{d.V3V4}$=_____。

4) 不同负载时波形测试

先断开主电源，将 NMCL-32 中三相电源的 U、V、W 接入到单相交直交变频的主电路，将交直交变频主电路的 1、3 端相连。

(1) 电阻性负载时波形测试。当负载为电阻性时，6、7 端串联 NMEL-03 电阻箱 1800 Ω 电阻。

① 异步调制。选择一个固定的三角载波频率并保持不变，调节"正弦波频率"电位器，改变正弦调制波 u_r 的频率 3～5 组，观察并记录负载电压(6、7 端)的波形，测量其频率和幅值，填入表 3.19 中。

表 3.19　电阻性负载时实验数据

异步调制方式下三角载波频率 f_c：_____Hz

测试项	1	2	3	4	5
正弦调制波 u_r 频率 f_r/Hz					
载波比 $N = f_c/f_r$					
负载电压幅值/V					
负载电压频率/Hz					

② 同步调制。选择一个固定的载波比，调节"正弦波频率"电位器，改变正弦调制波 u_r 的频率 3～5 组，计算三角载波频率，并调节"三角波频率"电位器，保证载波比恒定；观察并记录负载电压(6、7 端)的波形，测量其频率和幅值，填入表 3.20 中。

表 3.20　电阻性负载时实验数据

同步调制方式下载波比 N：_____

测试项	1	2	3	4	5
正弦调制波 u_r 频率 f_r/Hz					
三角载波频率 f_c/Hz					
负载电压幅值/V					
负载电压频率/Hz					

(2) 阻感性负载。当负载为阻感性时，6 端与 NMCL-331 挂箱的电感(700 mH)一端相连，电感另一端连接 NMEL-22 的 9 端，再将 9 端与 NMCL-03 电阻箱 1800 Ω 电阻相连，电阻输出端连接 NMEL-22 的 7 端，如图 3.29 所示。

① 异步调制。选择一个固定的三角载波频率并保持不变，调节"正弦波频率"电位器，改变正弦调制波 u_r 的频率 3～5 组，观察并记录负载电压(6、7 端)和负载电流(1800 Ω 电阻两端)的波形，测量负载电压频率和幅值，填入表 3.21 中。

表 3.21　阻感性负载时实验数据

异步调制方式下三角载波频率 f_c：_____Hz

测试项	1	2	3	4	5
正弦调制波 u_r 频率 f_r/Hz					
载波比 $N = f_c/f_r$					
负载电压幅值/V					
负载电压频率/Hz					

② 同步调制。选择一个固定的载波比，调节正弦波频率电位器，改变正弦调制波 u_r 的频率 3～5 组，计算三角载波频率，并调节三角波频率电位器保证载波比恒定，观察并记录负载电压(6、7 端)和负载电流(1800 Ω 电阻两端)的波形，测量负载电压频率和幅值，填入表 3.22 中。

表 3.22 阻感性负载时实验数据

同步调制方式下载波比 N: _____

测试项	1	2	3	4	5
正弦调制波 u_r 频率 f_r/Hz					
三角载波频率 f_c/Hz					
负载电压幅值/V					
负载电压频率/Hz					

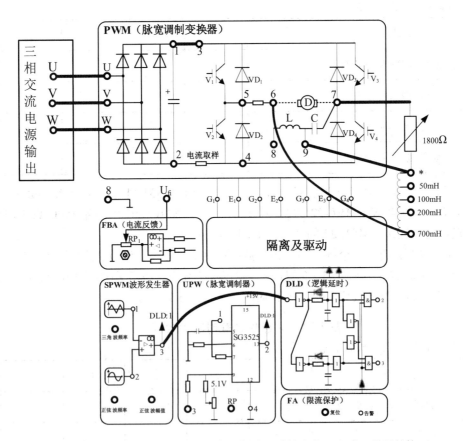

图 3.29 单相交直交变频电路接线示意图(阻感性负载，电感 L 需要外接)

8. 实验报告

(1) 绘制完整的实验电路原理图。

(2) 电阻负载时，列出数据和波形，并进行讨论及分析。

(3) 阻感负载时，列出数据和波形，并进行讨论及分析。

(4) 整理数据和波形，比较分析 PWM 控制采用同步调制方式和异步调制方式的优缺点。

(5) 电阻性负载和阻感性负载时，输出的电压波形和电流波形有何区别，并分析原因得出结论。

9. 思考题

(1) 为使输出波形尽可能地接近正弦波，可以采取什么措施？

(2) 能否综合同步调制和异步调制的优点，采用分段同步调制方式？

(3) 为什么在示波器上看到的 6、7 两端的波形宽窄总是在变化？

(4) 能否构成闭环的交直交变频控制系统，如何实现？

第 4 章　综合拓展及创新实验

"电力电子技术"课程的理论性、工程性、实用性和综合性都很强,因此,实验教学在整个教学过程中发挥着重要作用。第 3 章的基础实验主要以原理验证以及对实验现象和实验结果的分析为主,帮助学生对关键的理论知识点有更直观、更深入的理解,但在综合性和创新性方面还显不足。本章在基础实验的基础上,对内容和形式进行改革、提升和创新,致力于激励学生综合运用所学知识,希望学生通过自主思考,提出新的想法,并赋予实施验证。相比于基础实验,本章给出的实验具有完整性、自主性、创新性的特点。

本章主要给出 2 个综合拓展与创新实验模块的教学案例——磁耦合谐振式无线电能传输系统实验和基于双向 DC/DC 变换器拓扑的创新实验,可以为电力电子综合性实验和创新性实验提供指导,也可以在教学过程中作为学生拓展知识面以及进行课题研讨的参考。

4.1　磁耦合谐振式无线电能传输系统实验

4.1.1　概述

无线电能传输(Wireless Power Transfer,WPT)技术是指将电能以电磁波、光波、声波等形式,通过空间无接触地从供电电源传递到负载的一种电能传输技术,也被称为非接触电能传输(Contactless Energy Transfer,CET)技术[1]。WPT 技术解决了传统依靠电导体直接进行物理接触输电所带来的插电火花、积碳、不易维护、易产生磨损等问题,也避免了特殊环境下如潮湿、水下、含易燃易爆气体等的用电安全隐患问题。WPT 是一种安全、方便、清洁的电能传输方式,它的发展和应用是电能传输的革命性进步,目前在电动汽车充电、家用电器无线供电、深海探测、地下采矿、植入式医疗设备的无线供电等领域都得到了较好的应用,具有非常好的应用前景。

无线电能传输技术包含电力电子技术、无线电技术、电磁场理论、电路理论、控制理论等多项理论和技术,属于综合性非常强的研究课题,对其设计与研究涉及理论分析、工程设计、数学建模与仿真以及系统对环境的影响分析等各个方面,是一个复杂工程问题,因此也是激发学生创新性思维的一个很好的训练课题。本实验以磁耦合谐振式无线电能传输系统为例,展开一系列的探索。

4.1.2　无线电能传输技术分类

根据传输机理不同，无线电能传输主要有以下几种类型。

1. 电磁感应式无线电能传输

电磁感应式无线电能传输(Inductive Contactless Power Transfer，ICPT)是一种基于电磁感应原理，利用原、副边分离的松耦合变压器，将电能进行近距离的无接触式电能传输的方式。当发射线圈通过高频化的交流电流时，其产生的交变磁通会在接收线圈中产生感应电动势，从而无接触地将电能传输给接收侧的负载。ICPT 的原理如图 4.1 所示，发射线圈和接收线圈组成一个松耦合变压器，发射侧的整流电路和逆变电路将 50 Hz 的交流电转化为数十千赫兹至几百千赫兹的交流电，输入到松耦合变压器；松耦合变压器通过电磁场的耦合效应，将能量从原边传输至副边，经过进一步整流滤波调整后供给负载。补偿网络通常由电容和(或)电感组成，对原副边进行无功功率补偿。

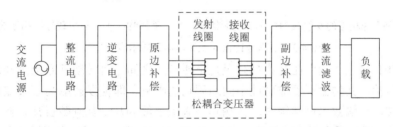

图 4.1　电磁感应式无线电能传输原理

ICPT 的系统工作频率低，能量传输过程中电磁辐射少，传输功率和传输效率在近距离时相对较高，这些优点使得 ICPT 在交通运输、水下作业、生物医学、消费电子设备以及一些特殊工业应用等领域得到较好的应用[2]。

2. 磁耦合谐振式无线电能传输

为了解决感应式存在传输距离太近的问题，2007 年麻省理工学院马林·邵利亚契奇研究团队首次提出了磁耦合谐振式无线电能传输(Magnetic-Coupled Resonant Wireless Power Transmission，MCR-WPT)技术，在耦合线圈距离为 2 m 时，成功点亮了 60 W 的灯泡，系统传输效率为 40 %，当耦合线圈距离为 1 m 时，系统传输效率达到了 90 %[3]，这对于无线电能传输走向应用具有划时代的意义。MIT 的实验装置如图 4.2 所示。

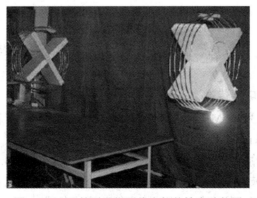

图 4.2　MIT 的磁谐振无线电能传输实验装置

MCR-WPT 利用谐振原理实现电能的无线传输，如图 4.3 所示[4]。通常情况下，两电磁线圈之间是弱耦合，但是当两线圈的固有谐振频率与供电电源的频率相等时，在一定距离范围内，两线圈之间会产生强磁耦合谐振，能量在两电路之间发生最大、最有效的交换[1]，而具有不同谐振频率的两个电路之间能量的交换则会很低。

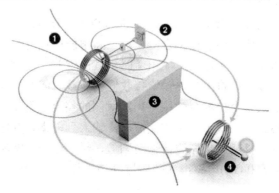

①—与交流激励电源相连的发射线圈；②—电源插座；③—障碍物；④—与负载灯泡相连的接收线圈

图 4.3　磁耦合谐振式无线电能传输示意图[4]

MCR-WPT 的工作频率在几兆赫兹至几十兆赫兹之间，可实现几厘米到几米范围内的无线电能传输，其传输不受非磁性中间障碍物的影响，即使发射端与接收端存在一定的错位、偏转，传输效率仍然很高，传输功率等级一般为几十瓦到数百瓦，在中等距离无线电能传输方式中具有很大的优势。MCR-WPT 在电动汽车、医疗电子设备和消费电子设备等领域具有广阔的应用前景，是当今无线电能传输技术研究领域的一个热点[5]。

3. 激光式无线电能传输

激光式无线电能传输(Laser Wireless Power Transfer，LWPT)以激光作为媒介进行无线电能传输，在发射端由激光器将电能转化成激光，让激光在光学系统中进行传播；在接收端利用光伏电池将激光再转化成电能，供给用电负载[4]，其原理如图 4.4 所示。

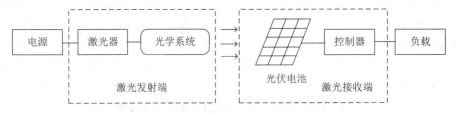

图 4.4　激光式无线电能传输的原理示意图

LWPT 传输距离远，不受电磁干扰的影响，且激光能量的密度较高，方向性好，但缺点是效率很低。

4. 微波辐射式无线电能传输

微波是一种频率在 3000 MHz～300 GHz 之间的一种电磁波。微波辐射式无线电能传输(Microwave Power Transfer，MPT)与 LWPT 同属于电磁辐射式无线电能传输，但其基本原理是以微波为传输载体进行大功率远距离能量传输，如图 4.5 所示。首先由微波发生器将电能转化为微波能量，然后通过发射天线将能量发射出去；接收天线接收微波能量，并将其转换成电能，经由整流滤波将电能传递给负载[2]。

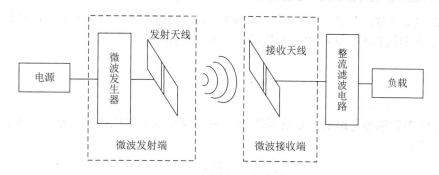

图 4.5　微波辐射式无线电能传输的原理示意图

MPT 和 LWPT 技术主要用于空间太阳能电站、高空飞行器供电等领域[2,6-10]。

在以上几种无线电能传输技术中，磁耦合谐振式无线电能传输(MCR-WPT)在传输距离、传输功率和传输效率等方面具有较明显的优势，因此成为当下 WPT 领域最为热门的研究方向[5,6,11]。本实验就以 MCR-WPT 系统为背景展开分析、探讨和研究。

【知识拓展】查阅国内外相关资料，对无线电能传输技术的发展及应用作出综述。

4.1.3　MCR-WPT 的基本原理及传输特性

1. 谐振基本原理

1) 谐振基本概念

在物理学领域中，当某个物体或系统的固有频率和加在其身上的策动力的频率相同时，该物体或系统将在策动力的影响下发生振动，而且振幅最大，这种物理现象被称为"共振"，在电路理论中被称为"谐振"。当电路的激励源频率与电路中所有元件决定的电路固有谐振频率相等时，电路的电磁振荡幅值将达到最大，此时称电路发生了谐振。

2) 基本谐振方式

谐振电路主要包括两种基本类型：LC 串联谐振和 LC 并联谐振。

(1) 串联谐振方式。

RLC 串联谐振电路如图 4.6 所示，电路中电感 L 和电容 C 串联，u 为角频率 ω 的正弦激励电源，$u=\sqrt{2}U\sin\omega t$，R 为回路等效电阻(包括电源内阻和线圈电阻)。

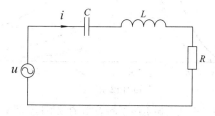

图 4.6　RLC 串联谐振电路

串联回路的回路阻抗为

$$Z = R + \mathrm{j}\left(\omega L - \frac{1}{\omega C}\right) \tag{4.1}$$

当 $\omega L = 1/\omega C$ 时，$Z = R$，为纯电阻。电源电压 u 和其输出电流 i 同相位，此时发生串联谐振，回路阻抗最小，正弦电流幅值最大。谐振角频率为

$$\omega_0 = \frac{1}{\sqrt{LC}} \tag{4.2}$$

在 RLC 串联谐振电路中，品质因数 Q 一般定义为谐振时电感或电容电压与电源电压的比值，即

$$Q = \frac{U_{L0}}{U} = \frac{U_{C0}}{U} \tag{4.3}$$

式中，U 为激励电源电压有效值。Q 也可按下式计算：

$$Q = \frac{\omega_0 L}{R} = \frac{1}{\omega_0 RC} = \frac{1}{R}\sqrt{\frac{L}{C}} \tag{4.4}$$

式(4.3)说明，电路的 Q 值越大，谐振时电容和电感承受的电压越高。通常 $Q \gg 1$，因此电感和电容上的电压远远超过电源电压，这一点在设计电感和电容时要注意。

根据以上分析，谐振产生的条件是满足等式 $\omega L = 1/\omega C$，同学们考虑一下还有哪些方法可以使电路处于谐振状态。

调谐的方法：① 调频调谐，当电路的参数一定时，通过改变激励电源的频率使其满足谐振条件；② 调容或调感调谐，当激励电源的频率一定时，通过调节 C 或 L 的值使其满足谐振条件。

当 $U = 80\,\text{V}$，$R = 40\,\Omega$，$\omega_0 = 100\,\text{rad/s}$ 时，在不同的 Q 下回路电流有效值 I 随电源角频率 ω 的变化曲线如图 4.7 所示。可以看出，电流在谐振频率处达到最大值，且 Q 值越大，串联谐振电路的选频特性越强。

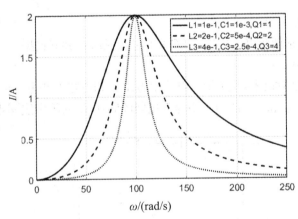

图 4.7　串联谐振电路不同 Q 值的频率特性曲线

同学们根据以上内容，自己思考和分析，总结并列出串联谐振的特点。

(2) 并联谐振方式。

RLC 并联谐振电路如图 4.8 所示，电路中电容 C 和电感 L 并联，R 为线圈电阻，u 为角频率 ω 的正弦激励电源，$u = \sqrt{2}U\sin\omega t$。

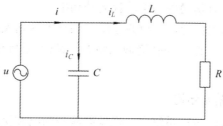

图 4.8 RLC 并联谐振电路

并联电路的导纳为

$$Y = \frac{R}{R^2 + \omega^2 L^2} + \mathrm{j}\left(\omega C - \frac{\omega L}{R^2 + \omega^2 L^2}\right) \tag{4.5}$$

若激励电源频率满足：

$$\omega = \omega_0 = \frac{1}{\sqrt{LC}}\sqrt{1 - \frac{C}{L}R^2} \tag{4.6}$$

则电路中的感抗和容抗完全抵消，此时电路导纳最小，有

$$Y = Y_0 = \frac{R}{R^2 + \omega_0^2 L^2}$$

此时，u 和 i 同相位，电路发生并联谐振，ω_0 即为谐振频率。通常线圈的电阻非常小，当 $R \ll \omega_0 L$ 时，有

$$\omega_0 \approx \frac{1}{\sqrt{LC}} \tag{4.7}$$

并联谐振时，电路的阻抗达到最大值，电流 I 最小，为谐振电流 I_0，$I_0 = U \cdot Y_0$。若激励电源为电流源，则在发生并联谐振时，电流源的输出电压达到最大值。

在 RLC 并联谐振电路中，品质因数 Q 一般定义为谐振时电感或电容电流与总电流的比值，即

$$Q = \frac{I_{C0}}{I_0} = \frac{I_{L0}}{I_0} \tag{4.8}$$

其中，I_{C0} 和 I_{L0} 分别为谐振时流过电容和流过电感的电流有效值，I_0 为总电流有效值。当 $R << \omega_0 L$ 时，近似有

$$Q = \frac{\omega_0 L}{R} = \frac{1}{\omega_0 RC} = \frac{1}{R}\sqrt{\frac{L}{C}} \tag{4.9}$$

通常 $\omega_0 L >> R$，即 $Q >> 1$，因此并联谐振时电感电流和电容电流远远超过电源的电流。

由以上分析可知，LC 谐振电路有以下特点：① 电场能量聚集在电容中，磁场能量聚集在线圈电感中；② 电感的磁场能量和电容的电场能量大小相等，符号相反，回路中的电磁波不会向周围空间辐射，只在 LC 谐振电路中相互转化；③ 谐振时，阻抗呈现纯

电阻特性,因此电路只消耗有功功率,不消耗无功功率。

【分析与思考】根据以上内容,分析并总结、列出串联谐振和并联谐振的特点。

【仿真练习】自行编程,作出并联谐振电路的导纳(或阻抗)的频率特性曲线,分析并得出结论。

2. MCR-WPT 系统的基本结构

在磁耦合谐振式无线电能传输系统中,当发射线圈回路和接收线圈回路的谐振频率一致时,就会发生强耦合谐振,实现能量的高效传输。这时如果在一定的范围内,存在多个具有相同谐振频率的线圈,多个线圈之间也会相互传输能量。根据线圈的数量、相对位置的不同,磁耦合谐振系统可以有两线圈结构、四线圈结构、增加中继谐振线圈的三线圈或多线圈结构,以及"一对多"结构和"多对一"结构,等等。

两线圈结构是无线电能传输的最基本的结构,只包含了发射线圈回路及接收线圈回路,系统直接通过强耦合谐振的作用,在发射线圈和接收线圈之间传递能量。两线圈结构如图 4.9 所示。

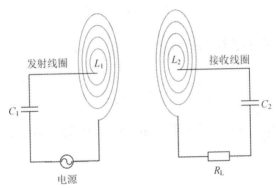

图 4.9　两线圈 MCR-WPT 结构

为了进行电源匹配和负载匹配,MIT 团队 2007 年率先设计了四线圈结构的 MCR-WPT 系统[3],如图 4.10 所示。四线圈结构包括电源线圈 A、发射线圈 S、接收线圈 D 和负载线圈 B 四个回路,其中电源线圈和负载线圈都是单线圈,而发射线圈和接收线圈都是多匝的开口线圈,开口线圈的电感和其寄生电容组成串联谐振电路。电源线圈 A 与发射线圈 S、接收线圈 D 与负载线圈 B 的距离非常近,而发射线圈 S 与接收线圈 D 间的距离相对较远,彼此间通过线圈的强磁耦合谐振进行能量的无线传输。四线圈结构能够进行电源匹配和负载匹配,实现电源与发射线圈隔离,负载与接收线圈隔离,传输效率比较高。

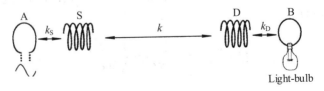

图 4.10　MIT 设计的四线圈 MCR-WPT 结构[3]

为了进一步增加传输距离,人们研究在发射线圈和接收线圈之间增加中继线圈[12-13],图 4.11 是增加 1 个中继谐振线圈的结构图。在发射线圈和接收线圈之间加入一个参数完全相同的线圈作为中继线圈,三个线圈回路的固有谐振频率相同,当系统满足谐振条件时,发射线圈和中继线圈、中继线圈和接收线圈之间通过强磁耦合谐振实现能量的无线传输[14-15]。研究表明,中继线圈的加入能够显著提高系统的传输距离。当然,还可以在发射线圈和接收线圈之间增加多个完全相同的线圈作为中继线圈。

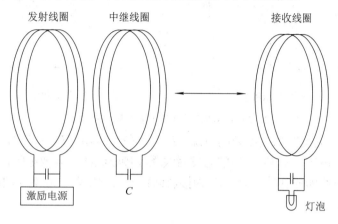

图 4.11 增加一个中继线圈三线圈 MCR-WPT 结构[14]

3. 两线圈 MCR-WPT 等效电路模型

对 MCR-WPT 系统的分析主要基于两种建模方法:一是基于耦合模理论(Coupled Mode Theory,CMT)建立能量传递的相互关系模型;二是基于等效电路理论(Equivalent Mode Theory,EMT),在对实际系统构建物理模型的基础上,对复杂物理模型以等效参数的电路形式进行描述,进而采用电路分析的知识对系统的特性进行分析。由于耦合模理论模型的建立过程复杂,在此我们采用同学们熟悉的电路理论建立系统的等效电路模型,并在此基础上对系统的传输特性进行分析。

两线圈结构是磁耦合谐振系统中最基本的结构,其分析方法也是其他结构分析的基础,因此我们以两线圈结构的 MCR-WPT 系统为例进行分析和探讨。

两线圈结构系统中只包含发射线圈和接收线圈,根据补偿电容和线圈的串并联连接方式的不同,可组成四种基本的补偿拓扑结构:串串结构(Series-Series,SS)、串并结构(Series-Parallel,SP)、并串结构(Parallel-Series,PS)、并并结构(Parallel-Parallel,PP),其等效电路如图 4.12 所示。

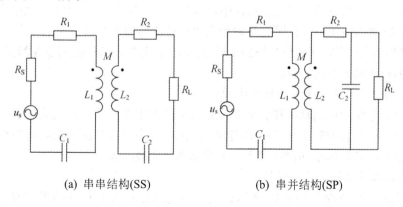

(a) 串串结构(SS)　　　　　　(b) 串并结构(SP)

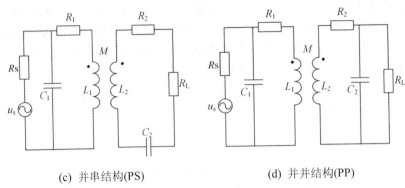

(c) 并串结构(PS)　　　　　　　　　　(d) 并并结构(PP)

图 4.12　MCR-WPT 四种基本的补偿拓扑结构

图 4.12 中，u_s 为发射端交流激励电源，R_s 为其等效内阻；L_1 和 L_2 分别为发射线圈和接收线圈的等效电感，R_1 和 R_2 分别为发射线圈和接收线圈的等效电阻，C_1 和 C_2 分别为发射线圈和接收线圈的补偿电容，R_L 为接收回路的负载电阻，M 为 L_1 和 L_2 之间的互感。定义耦合系数 k 为

$$k=\frac{M}{\sqrt{L_1 L_2}} \tag{4.10}$$

耦合系数 k 反映了两线圈之间耦合的松紧程度，$0 \leqslant k \leqslant 1$，当 $k=1$ 时表示全耦合。

这样，我们就可以对复杂的 WPT 系统用带等效参数的等效电路模型进行描述，从而用我们熟悉的电路理论对其进行定量分析。

以上四种基本拓扑结构均是由 LC 串联或并联谐振电路组成的耦合谐振网络，除此之外，近年来，LCC 谐振电路、LCL 谐振电路也在无线电能传输中得到应用[16-18]。各种谐振电路的耦合可以组成更多类型的耦合谐振网络拓扑结构，感兴趣的同学可自行查阅资料，对各种拓扑结构的特点进行分析和研究。

4. 两线圈 MCR-WPT 的传输特性

以上四种基本的拓扑结构各有其特点[19]，其中 SS 结构的谐振补偿电容取值，仅与激励电源频率 ω 和发射线圈或接收线圈的电感值有关，而与耦合线圈间的互感值 M 和接收端的负载 R_L 无关，因此当两耦合线圈的相对距离以及接收端负载发生变化时，交流激励电源的频率不需要调整。在实际设计中，当供电对象为小负载，且传输距离较小时，采用 SS 型谐振网络能使系统在谐振频率处获得最佳的传输效率和输出功率[19]。因此，以 SS 补偿结构为基础的 WPT 系统得到了广泛的应用，此处以 SS 结构的 WPT 电路为例对其传输功率和传输效率进行分析。

1) SS 结构电路传输功率和传输效率模型

提高 WPT 系统的传输功率和传输效率是其应用的重要问题。首先从建立其功率和效率模型入手，分析影响功率和效率的因素，进而进一步思考并提出提高功率和效率的措施。分别建立在任意频率和谐振频率下的稳态功率和效率模型。

(1) 任意频率下的稳态传输模型。

串串结构的等效电路如图 4.13 所示。设激励电源是角频率为 ω 的正弦波，$u_s(t)=$

$\sqrt{2}U_s \sin\omega t$，用正弦稳态电路的相量法对电路进行分析。

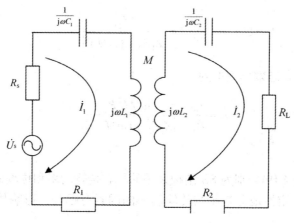

图 4.13　SS 结构的等效电路

图 4.13 中，$\dot{U}_s$ 为正弦激励电源电压相量，$\dot{I}_1$ 和 $\dot{I}_2$ 分别为发射回路和接收回路的电流相量；R_s 为电源的等效内阻，R_1 和 R_2 分别为发射线圈和接收线圈的等效电阻；L_1 和 L_2 分别为发射线圈和接收线圈的电感，M 为它们之间的互感系数，当两线圈的材质以及大小形状一定时，互感 M 与它们之间的相对位置有关；C_1 和 C_2 分别为发射线圈和接收线圈的补偿电容；R_L 是接收回路的负载电阻。

发射回路阻抗 Z_1 和接收回路阻抗 Z_2 分别为

$$Z_1 = R_s + R_1 + j\omega L_1 + \frac{1}{j\omega C_1} \tag{4.11}$$

$$Z_2 = R_2 + R_L + j\omega L_2 + \frac{1}{j\omega C_2} \tag{4.12}$$

根据 KVL 定律列出两回路的电压方程式：

$$\dot{U}_s = Z_1\dot{I}_1 - j\omega M\dot{I}_2 \tag{4.13}$$

$$0 = -j\omega M\dot{I}_1 + Z_2\dot{I}_2 \tag{4.14}$$

由以上两式可以得出

$$\dot{I}_1 = \frac{Z_2\dot{U}_s}{Z_1Z_2 + (\omega M)^2} \tag{4.15}$$

$$\dot{I}_2 = \frac{j\omega M\dot{U}_s}{Z_1Z_2 + (\omega M)^2} \tag{4.16}$$

进一步求得串串结构的稳态输出功率(负载吸收的有功功率)模型 P_o：

$$P_o = \left|\dot{I}_2\right|^2 R_L = \left|\frac{\omega M\dot{U}_s}{Z_1Z_2 + (\omega M)^2}\right|^2 R_L = \frac{\omega^2 M^2 R_L}{\left|Z_1Z_2 + (\omega M)^2\right|^2}U_s^2 \tag{4.17}$$

而电源输入给系统的功率为

$$P_{in} = U_s I_1 = |\dot{U}_s||\dot{I}_1| = \frac{|Z_2|}{|Z_1 Z_2 + (\omega M)^2|} U_s^2 \tag{4.18}$$

由此得串串结构系统稳态效率模型为

$$\eta = \frac{P_o}{P_{in}} = \frac{\omega^2 M^2 R_L}{|Z_1 Z_2^2 + (\omega M)^2 Z_2|} \tag{4.19}$$

【分析与思考】

① 式(4.18)和式(4.19)分别为 SS 结构系统的稳态传输功率和传输效率模型，同学们先仔细观察这两式，定性地分析影响传输功率的因素有哪些，影响传输效率的因素有哪些。

② 通常，当系统的线圈和补偿电容一定时，其电感和等效电容以及等效电阻在工作过程中变化较小，可以视为常量，电源内阻一般也可视为常量，同学们再进一步分析影响功率和效率的主要因素分别是什么。

(2) 谐振状态下的稳态传输模型。

对于磁耦合谐振式无线电能传输系统，发射回路与接收回路应具有相同的谐振频率，在设计时可使两回路具有相同的电感、电容和线圈等效电阻，即 $L_1 = L_2$，$C_1 = C_2$，$R_1 = R_2$。记谐振频率为 ω_0，则有

$$\omega_0 = \frac{1}{\sqrt{L_1 C_1}} = \frac{1}{\sqrt{L_2 C_2}} \tag{4.20}$$

当电源频率与谐振频率相等，即 $\omega = \omega_0$ 时，有

$$j\omega_0 L = \frac{1}{j\omega_0 C} = 0 \tag{4.21}$$

即谐振时 Z_1 和 Z_2 的虚部均为零，且都为纯电阻，即 $Z_1 = R_s + R_1$，$Z_2 = R_2 + R_L$。

假设电路的电感、电容、电阻以及互感等参数均为常数，分析式(4.11)、式(4.12)和式(4.19)，可以看出，在线圈的电感 L_1 和 L_2、补偿电容 C_1 和 C_2、回路电阻 $R_s + R_1$ 和 $R_2 + R_L$ 以及互感 M 等参数一定的情况下，当发射回路和接收回路均发生谐振时，两回路阻抗的模值 $|Z_1|$ 和 $|Z_2|$ 均取最小值，即效率取得最大值。将式(4.21)代入功率表达式(4.17)和效率表达式(4.19)，可以得到谐振状态下的传输功率和传输效率，分别为

$$P_o = \frac{(\omega_0 M)^2 U_s^2 R_L}{\left[(R_s + R_1)(R_L + R_2) + (\omega_0 M)^2 \right]^2} \tag{4.22}$$

$$\eta = \frac{\omega_0^2 M^2 R_L}{(R_1 + R_s)(R_2 + R_L)^2 + (\omega_0 M)^2 (R_2 + R_L)} \tag{4.23}$$

由式(4.22)和式(4.23)可以看出，当电源内阻和线圈内阻一定时，谐振状态下，系统的传输功率主要与谐振频率 ω_0、互感 M、负载电阻 R_L 以及激励电源电压 U_s 有关，传输

效率主要与谐振频率 ω_0、互感 M、负载电阻 R_L 参数有关。

2) 传输特性的仿真分析

为了直观地看出各个参数对传输特性的影响，通过作出仿真曲线来讨论各种因素对传输效率和传输功率的影响。由于影响效率和功率的因素比较多，采用控制变量法分别分析电源频率、谐振频率、传输距离以及负载阻抗等参数对传输特性的影响。

(1) 电源频率对传输特性的影响。

假设电源电压的有效值及电路参数一定，根据式(4.17)和式(4.19)，采用 MATLAB 的 M 语言进行编程，计算并绘制出功率与效率随电源频率变化的曲线，分析并讨论激励电源频率对传输功率和传输效率的影响。

在图 4.13 所示的 SS 结构的等效电路电路中，已知激励电源电压 $U_s = 15$ V，电源内阻 $R_s = 0.5\ \Omega$，$L_1 = L_2 = 45\ \mu H$，$C_1 = C_2 = 50$ nF，$R_1 = R_2 = 0.2\ \Omega$，互感 $M = 15\ \mu H$，计算得到的谐振频率 $f_0 = 106.1$ kHz。

将上述参数带入式(4.17)和式(4.19)，用 MATLAB 的 M 语言进行编程，仿真得到系统负载的输出功率 P_o 和传输效率 η 随系统频率变化的曲线，如图 4.14 所示。

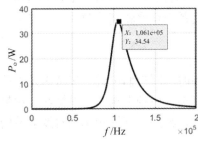

(a) 负载功率与频率的关系曲线　　　(b) 传输效率与频率的关系曲线

图 4.14　频率对系统功率与效率传输特性的影响

由图 4.14 可以看出，系统的工作频率从 0 Hz 开始增大时，系统的效率随之增大，当激励电源的频率等于电路的固有谐振频率 106.1 kHz 时，负载功率和系统传输效率均达到最大值；然后随着系统频率的继续增加，传输功率和效率都迅速减小。仿真表明，在上述参数下，当激励电源频率等于电路的谐振频率时，其传输功率最大，传输效率最高。

当电路的参数变化时，是不是也有以上结论呢？

【拓展分析与研究】

感兴趣的同学进一步做以下分析和研究：

① 从小到大选一组 M 值(如从 0～45 μH 取 5～6 个值)，以 M 为参变量作出效率随频率、功率随频率变化的曲线族，对仿真结果进行分析、讨论并得出结论。(也可以做出三维图，注意观察频率分裂现象。)

② 固定 M 值，如 $M = 15\ \mu H$，作出 R_L 取不同值时的效率随频率变化的曲线族，分析并得出结论。

(2) 谐振频率对效率的影响。

改变谐振频率 ω_0，暂不考虑线圈导线的趋肤效应，考察效率与谐振频率的关系。取

$R_s = 1\ \Omega$，$R_1 = R_2 = 3.5\ \Omega$，$R_L = 30\ \Omega$，$M = 3.4467\ \mu H$，让谐振频率从 0 Hz 开始增大，代入式(4.23)中，串串结构效率与谐振频率的关系如图 4.15 所示[20]。

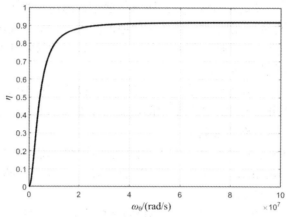

图 4.15　传输效率与谐振频率关系

从图 4.15 可以看出，系统的谐振频率越大，效率就越高，但当谐振频率增加至一定数值后，传输效率的增加已不明显。因此，若要使系统获得较高的效率，应选取尽可能大的谐振频率。

【拓展分析与研究】

上面的结果是在忽略了一些因素的前提下得到的，同学们可进一步考虑是不是谐振频率越高效率就一定越高呢？还受到哪些因素的影响？如频率越高，谐振线圈由趋肤效应带来的欧姆损耗就越大，会对效率产生什么影响？另外，谐振频率高对发射端的高频逆变器又有什么影响？

(3) 传输距离(或互感)对功率和效率的影响。

在 MCR-WPT 系统中，接收线圈和发射线圈的尺寸大小、缠绕方法以及线圈之间的相对位置等都会影响互感 M 的值。假设接收线圈和发射线圈均为密绕空心螺线管式，两线圈的匝数、半径均相等，且以中心线为基准平行放置，如图 4.16 所示，则两线圈之间互感为[21-22]

$$M = \frac{\mu_0 \pi N^2 r^4}{2\left(r^2 + d^2\right)^{3/2}} \tag{4.24}$$

式中，μ_0 为真空磁导率，其值为 $4\pi \times 10^{-7}$ H/m，r 为线圈半径，N 为线圈匝数，d 为两线圈之间的轴向距离。

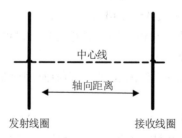

图 4.16　发射线圈与接收线圈平行相对放置示意图

【仿真与分析】

若线圈半径 $r = 0.1$ m，匝数 $N = 15$，试利用互感公式(4.24)仿真作出互感 M 与两线圈轴向距离 d 的关系曲线图，并分析距离对互感的影响。

当线圈的尺寸一定时，距离对互感会产生较大的影响，从而影响到传输功率和传输效率。已知电路参数：激励电源电压 $U_s = 15$ V，电源内阻 $R_s = 1$ Ω，$L_1 = L_2 = 45$ μH，$C_1 = C_2 = 50$ nF，$R_1 = R_2 = 1$ Ω，在系统频率工作在谐振频率 106.1 kHz 的条件下，将互感与距离的关系式(4.24)代入式(4.22)和式(4.23)，可得到系统传输功率和传输效率随距离变化的仿真曲线，如图 4.17 所示[22]。

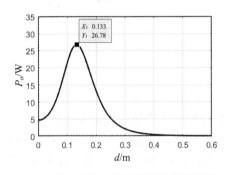 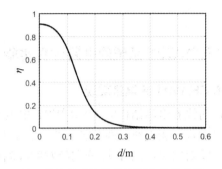

(a) 输出功率和传输距离的关系曲线   (b) 传输效率和传输距离的关系曲线

图 4.17 传输距离对系统功率效率传输特性的影响(谐振频率下)

【分析与探究】

① 同学们对图 4.17 功率和效率曲线的特点进行分析，看看能得出哪些结论？

② 若接收端负载是一个灯泡,两线圈的距离越近灯泡会越亮吗？线圈在什么位置灯泡最亮？

③ 在不同的负载电阻下再作出几条曲线，分析功率和效率的变化规律。

(4) 负载阻抗对传输特性的影响。

对于 MCR-WPT 传输系统，负载常常是变化的，分析式(4.22)和式(4.23)可知，负载的变化会对传输功率和效率产生较大的影响。设系统处于谐振状态，并且线圈及补偿电容的参数都已知且不变，两线圈同轴平行放置且距离一定(互感 M 一定)，根据式(4.22)和式(4.23)，可以作出输出功率及效率随负载 R_L 变化的曲线，如图 4.18 所示。

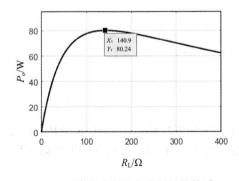 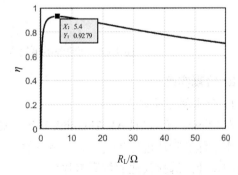

(a) 输出功率和负载阻抗的关系   (b) 传输效率和负载阻抗的关系

图 4.18 负载阻抗对传输特性的影响

从图 4.18 可以看出，存在一个特定的负载电阻使功率达到最大值(称之为效率最优电阻 $R_{\text{Lηopt}}$)，同样存在一个特定的负载电阻使效率达到最大值(称之为功率最优电阻 R_{Lpopt})，从仿真结果可以看出这两个电阻是不相等的。

【思考与研究】

① 如何求出 $R_{\text{Lηopt}}$ 和 R_{Lpopt} 的表达式？分析最优负载阻值与哪些因素有关。

② 在实际系统运行时，负载电阻 R_L 的值可能是固定的，也可能是随时间变化的(如在蓄电池充电过程中，等效的负载电阻是变化的)，不可能始终等于最优负载，那么，如果在无线电能传输中，始终期望运行在最大效率点(或最大功率点)，有什么解决方案？

4.1.4　MCR-WPT **系统的电路仿真实验**

1. MCR-WPT **主电路实现**

一种两线圈串串结构的 MCR-WPT 主电路实现如图 4.19 所示，四个开关管 V_1~V_4 组成单相桥式逆变电路，将发射端的直流电源 U_{in} 逆变成高频交流电 U_p 作为交流激励电源作用于发射回路；L_p 和 L_s 分别是发射线圈和接收线圈，C_p 和 C_s 分别是发射端和接收端的谐振补偿电容；VD_1~VD_4 和 C_1 组成接收端的整流滤波电路，R 为接收端的直流负载(可以是蓄电池的等效电阻)。

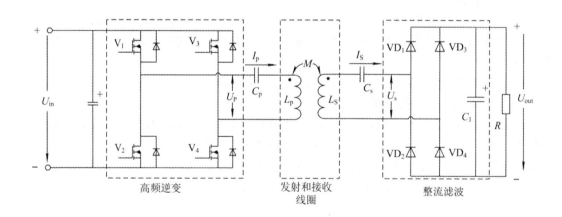

图 4.19　两线圈串串结构的 MCR-WPT 系统主电路

2. **仿真实验**

1) 仿真模型的建立

在 PSpice 或 MATLAB/Simulink 环境下建立图 4.19 的仿真模型，对 MCR-WPT 系统的工作过程及特性进行仿真研究。参考的一组电路参数如表 4.1 所示(同学们也可以采用自己的设计，选择其他的仿真参数)。

表 4.1 仿真实验电路参数

名称/单位	参　数
直流电压源电压 U_{in}/V	12
开关管 MOSFET	IRF840
线圈电感($L_p = L_s$)/μH	4.059
补偿电容($C_p = C_s$)/nF	6.8
线圈等效电阻/ Ω	0.3
整流二极管	MUR5005
耦合系数 k	0.32
负载电阻 R/ Ω	20

请同学们自行选择仿真软件平台(PSpice 或 MATLAB/Simulink)，搭建仿真电路图。参考以下步骤进行：

① 根据已知数据计算谐振回路的固有谐振频率 ω_0 和 f_0；

② 设计逆变器的驱动信号；

③ 在 PSpice 的仿真电路图绘制窗口或 MATLAB/Simulink 下建立仿真电路模型，并进行相应的参数设置。

此处基于两种平台给出示例，仅供同学们参考。

(1) 基于 PSpice 的仿真电路的建立。

基于 PSpice 的 MCR-WPT 系统仿真示例如图 4.20 所示。

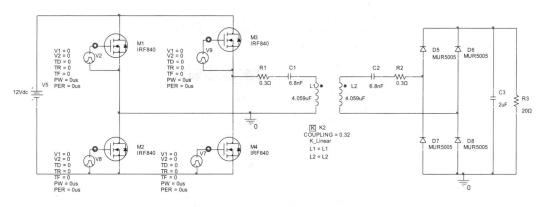

图 4.20 基于 PSpice 的 MCR-WPT 系统仿真示例

参考图 4.20 在库中选择元器件建立仿真图并进行参数设置，驱动信号的参数根据前面计算的数据和逻辑关系进行设置(示例图中没有对驱动信号进行设置)。此处主要给出耦合电感和耦合系数的设置方法。

两个线圈通过电磁耦合传递能量，其传递关系用耦合系数来表达(耦合系数的定义见式4.10)。PSpice仿真软件中的"K_linear"是可以让两个线圈进行耦合的模型，在ANALOG库文件中找到 "K_linear" 模型并放到电路中，双击图标中的方框 K，得到 K_linear 的参数设置界面，如图 4.21 所示。

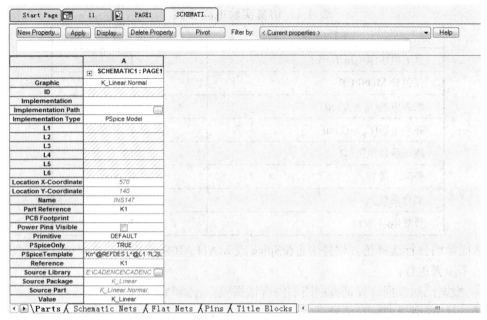

图 4.21　K_linear 的参数设置界面

　　右键点击 L1 选项框，选择 Display，进入 Display Properties 界面，如图 4.22 所示，选择 Name and Value，然后点击 OK。

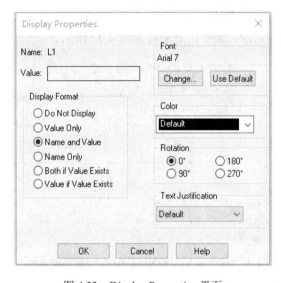

图 4.22　Display Properties 界面

　　再在图 4.21 界面中右击 L2 选项框，进行同样的操作，此时电路中"K_linear"模型显示

K　K2
K_Linear
COUPLING = 1
L1 =
L2 =

　　分别双击"K_linear"模型的 L1 和 L2，出现图 4.23 所示的耦合电感名称设置界面，在 Value 参数框中输入在电路中需要耦合的电感实际名称，即可实现电路中两个电感的耦合。如在其参数 L1 中输入 L1，在参数 L2 中输入 L2，即可实现电路中 L1 和 L2 两个电感的耦合(见图 4.23)；若在参数 L1 中输入 Lf，在参数 L2 中输入 Lr，即可实现电路中 Lf 和 Lr 两个电感的耦合。在实验中，可根据自己所画电路确定参数 L1 和 L2 的具体输入名称。

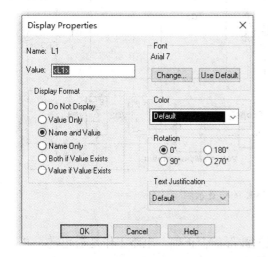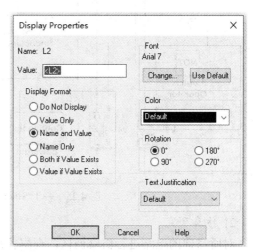

图 4.23　耦合电感名称设置界面

　　双击"K_linear"模型中的 COUPLING 可设置两个电感的耦合系数值，如图 4.24 所示。

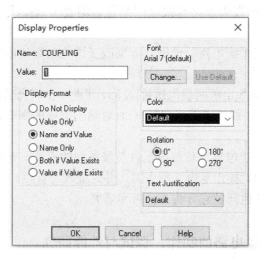

图 4.24　耦合系数设置界面

　　(2) 基于 MATLAB 的仿真电路的建立。

　　基于 Simulink 的仿真示例如图 4.25 所示。参考图 4.21 在库中选择元器件建立仿真图并进行参数设置，驱动信号的参数根据前面计算的数据进行设置。

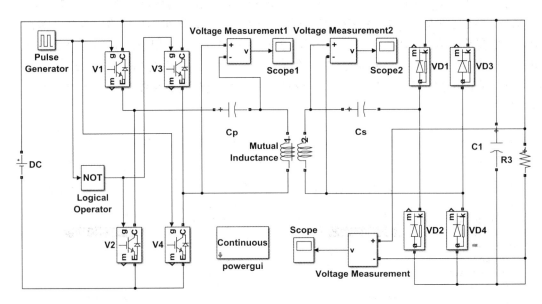

图 4.25　基于 SIMULINK 的仿真示例

2) 仿真研究

对所搭建的电路进行仿真调试，观察各点的波形是否正确，电路工作是否正常，并对以下问题(但不限于这些问题)进行分析和研究：

(1) 测量逆变器输出电压 U_p、发射线圈两端的电压 U_{Lp}、发射回路的电流 I_p 的波形，测量接收线圈两端的电压 U_{Ls}、接收端的输出交流电压 U_s、接收回路的电流 I_s 的波形，分析波形是否正确，判断发射回路和接收回路是否均处于谐振状态，如果不是，找出问题。

(2) 考虑哪些参数能影响电路的谐振？分别改变这些参数使电路失谐并观察波形，最后总结调谐的几种方法。

(3) 测量输出电压(负载电阻两端电压)的波形，并进一步研究当电路中某个参数发生变化(如负载电阻、耦合系数或逆变器的频率)时对输出电压的影响，作出曲线族并进行分析，得出结论。

(4) 当线圈电感、补偿电容、负载电阻以及线圈间的距离一定时，如何调整负载两端的电压(或负载的功率)？提出至少 2 种方案，并论证其可行性。

(5) 对你感兴趣的其他问题进行仿真分析和研究。

4.1.5　MCR-WPT 实验电路的制作、调试与性能研究

1. 实验目的

(1) 加深对磁耦合谐振式无线电能传输原理的理解，掌握串串式 MCR-WPT 系统的硬件电路组成。

(2) 掌握驱动芯片 IR2110 的工作原理、功能和使用方法。

(3) 掌握系统的焊接、调试方法，掌握对关键点波形的测试方法，并能对所测试的

波形进行分析并得出相关结论。

(4) 掌握系统传输特性的实验测试方法和研究方法。

2. 实验内容

(1) 用利兹线自行缠绕两个电感约为 72 μH 的耦合线圈。

(2) 根据实验室提供的电路板和元器件进行电路的焊接和调试。

(3) 用示波器测量关键点的电压或电流波形，如单片机发出的两路互补带死区 PWM 信号波形，IR2110 输出的驱动波形，逆变电路的输出电压波形，接收端负载上的电压波形等，并对波形进行分析。

(4) 在所调试的实验装置上，自行设计实验步骤和方法，研究频率、距离以及负载等因素变化对系统的传输功率和传输效率的影响，作出测试曲线并进行分析，得出结论。

(5) 用电磁辐射仪测量无线电能传输系统的辐射情况。

(6) 自行设计实验，研究你感兴趣的问题。

3. 实验装置

1) 基本参数

输入电压：DC 12～15 V；

工作频率：100～110 kHz；

谐振补偿电容值：30 nF；

线圈电感值：70～84 μH；

负载：100 Ω 功率电阻。

2) 实验电路的组成

实验电路的组成如图 4.26 所示。系统的供电电源采用直流稳压电源，主电路直接由该电源供电，控制电路所用电源由 DC-DC 隔离电源模块和线性稳压电源模块得到。主电路的结构同图 4.19，控制信号由单片机产生，经隔离电路、驱动电路加在高频逆变器的功率开关管上。

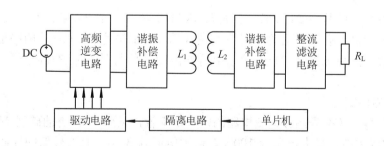

图 4.26　实验电路组成框图

3) 电路焊接与调试

印刷电路板如图 4.27 所示，图中标出了系统各部分在电路板上的分布。焊接和调试按以下顺序进行，注意同一部分电路先焊接贴片，再焊接插件。

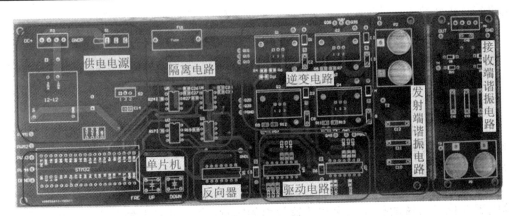

图 4.27　印刷电路板

(1) 供电电源部分。

为方便起见，系统的供电电源采用了一个 12 V 的稳压电源，主电路直接由该电源供电，而控制电路所用电源则由 DC-DC 隔离电源模块和线性稳压电源模块提供。其中，XRE12/12-12 s 输出 12 V 电压作为 IR2110 的驱动电压，L7805 输出 5 V 电压用于 74LS04、6N137、IR2110 的芯片供电，B0505S 输出 5 V 电压用于单片机供电。

辅助电源焊接完成后，测量输出的 12 V 和 5 V 电压是否正常。

(2) 单片机及外围电路。

进行单片机外围电路的焊接，并下载运行程序，测试单片机输出的四路 PWM 信号的幅值和相位是否正确。

(3) 隔离电路。

单片机输出的四路 PWM 信号经隔离电路送给反相器，隔离电路采用四个 6N137 光耦芯片。焊接完成后，测试光耦输出的 PWM 信号是否正确。

(4) 反相器电路。

光耦 6N137 的输出接反相器 74LS04，反相器的输出信号送给驱动电路。反相器电路焊接完成后，测试输出信号是否正确，四路 PWM 输出信号的波形和相位是否正确。

(5) 驱动电路。

驱动电路采用两片 IR2110 芯片，每片 IR2110 具有两个 PWM 通道，可同时对逆变电路中上下管进行驱动。驱动电路焊接完成后，测试每片 IR2110 的两路输入 PWM 信号是否正常，然后测试 IR2110 的下半桥输出驱动信号是否正常(高电平为 12 V 的 PWM 波)。

(6) 逆变器电路。

Q1、Q2、Q3、Q4 为高频逆变电路的四个功率管，采用 N 沟道的硅型 MOSFET，型号为 STP30N10F7，最大电压为 100 V，最大电流为 32 A，具有较低的导通电阻，最大导通电阻仅为 0.024 Ω。

四个开关管及周围电路焊接完成之后，要确保同一桥臂的两个开关管的驱动信号反相且带有死区。

(7) 发射端和接收端谐振电路。

用利兹线自行缠绕两个电感为 72 μH 左右的耦合线圈，线圈的形状可通过查资料进行选择和设计，用电桥测量线圈的电感值；根据确定的谐振频率计算补偿电容，补偿电容采用 CBB 电容。

焊接制作完成的实验电路板成品如图 4.28 所示。

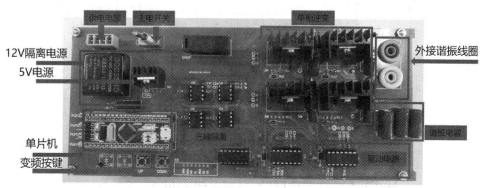

(a) 发射端的电路板

(b) 接收端的电路板

(c) 耦合谐振线圈示例

图 4.28　实验电路板成品

4. 实验指导

1) 测试点说明

电路板上标注的测试点如图 4.29 所示，测试点说明如表 4.2 所示。测试时注意测试信号的参考点。

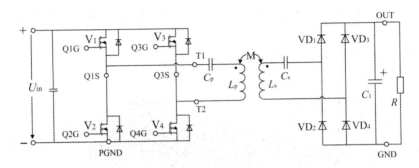

(a) 主电路测试点

(b) 控制电路测试点

图 4.29 电路板上标注的测试点

表 4.2 测试点说明表

参考点	测 试 点
DGND	PWM1、PWM2、PWM3、PWM4
PGND	Q1G、Q1S、Q2G、Q2S、Q3G、Q3S、Q4G
GND	OUT

2) 注意事项

(1) 实验板上单片机、逆变电路、整流电路有各自的参考点(DGND、PGND 和 GND)，测量时要根据测量位置选择合适的参考点。

(2) 做实验前，请将主电开关断开，先给控制电路供电，确定驱动波形没有问题后，再打开主电开关，进行实验。

(3) 当系统工作在谐振频率点附近时，系统工作电流较大，发热可能会比较严重，注意密切观察。

3) 实验准备及接线

(1) 使用万用表测量，将开关电源的输入电压调整为 12～15 V。

(2) 将发射线圈和接收线圈的香蕉端子的公头分别插入实验板上发射端和接收端的母头，将负载接入接收端，注意正负极的匹配。

(3) 确认实验板上的主电开关处于断开状态。

4) 驱动电路的测试

(1) 将开关电源的 "V +、V-" 分别对应实验板的 " +、-"，对实验板供电。

(2) 将示波器探头加在实验板上观测点 PWM1、PWM2、PWM3、PWM4 和 DGND 两端，观察并记录单片机发出的 PWM 波形，测量当前 PWM 信号的频率，并分别测量 PWM1、PWM2 信号和 PWM3、PWM4 的死区时间。

(3) 用示波器观察并记录 MOSFET "Q2" 和 "Q4" 的驱动波形，测量驱动波形的工作频率，测量死区时间，并与单片机的输出波形进行比较。

5) 频率对系统传输特性影响实验

在距离和负载一定的情况下，通过 "变频按键" 改变逆变器的工作频率，观察灯泡亮度的变化，并分析激励电源频率对传输功率和传输效率的影响。

(1) 根据实际的电路参数，计算电路的固有谐振频率。

(2) 将两电感线圈之间的距离固定，可以控制在 10～15 cm 之间。

(3) 将主电开关断开，通过调频按钮增加或降低 PWM 信号频率，调整信号频率为谐振频率 ±15 kHz 左右，记录当前 PWM 信号频率，打开主电开关，用万用表测量当前负载两端的电压值。

(4) 使用调频按钮，不断地增加或减小 PWM 信号的工作频率，观察灯泡亮度的变化，并实时记录负载两端的电压值(特别注意找到灯泡最亮、电压最高的那个点)，计算负载功率和传输效率，绘制功率-频率特性曲线和效率-频率特性曲线，对实验结果进行分析，得出结论。

注意：每次改变频率时，先将主电开关断开，改变频率，使用示波器测量工作频率后，再打开主电开关，记录负载电压值。

6) 传输距离对系统传输特性影响实验

在谐振频率下，当负载一定时，通过实验研究负载功率及传输效率随线圈距离的变化规律。

(1) 调节 "变频按键"，使系统工作在实际的谐振频率处(同学们思考如何做到，注意前面计算的谐振频率与实际的谐振频率有出入)。

(2) 从小到大或者从大到小选定线圈的距离，实时记录负载两端电压等相关数据，并观察灯泡的亮度，计算各点的功率和传输效率，作出表格，绘制功率-距离、效率-距离曲线，与仿真结果进行对比，分析实验结果，得出相关结论。

(3) 找出最高功率出现的点(灯泡最亮对应的距离)，分析该点的效率是否最高。

注意：每次改变距离时，先将主电开关断开，改变距离，使用米尺记录两线圈之间的距离后，再打开主电开关，记录负载电压值。

7) 电磁辐射测量

使用手持式电磁辐射测量仪器，测量并记录该系统的电磁辐射的空间分布情况，并将测试数据作出表格或图形进行分析和说明。

8) 自行设计实验进行性能测试和研究

考虑一个或两个自己感兴趣的问题，自行设计实验进行具体分析和研究(如线圈偏移、错位，不同介质的障碍物对传输特性的影响等，或其他感兴趣的问题)。

5. 实验报告

(1) 参考以上实验指导，自行撰写实验步骤、实验过程；

(2) 记录每个实验步骤的实验结果，包括测试点的波形、测试的数据以及对实验现象的描述等，并对实验结果进行分析，得出结论；

(3) 整理负载功率、传输效率与系统工作频率的实验数据，分别绘制功率和效率随频率变化的曲线，分析并讨论传输功率和传输效率与频率的关系，得出结论；

(4) 整理负载功率、传输效率与传输距离的实验数据，分别绘制功率和效率随距离变化的曲线，分析并讨论传输功率和传输效率与距离的关系，得出结论；

(5) 根据理论依据以及自己做的仿真和实验结果，并查阅相关资料，总结出提高MCR-WPT 系统传输效率和传输功率的措施；

(6) 对实验系统的电磁辐射情况进行分析，并查阅相关资料，思考并总结电磁辐射的强度与哪些因素有关。

(7) 对自己感兴趣的问题写出实验设计步骤和实验过程报告。

4.1.6　研究报告

针对所做的各项工作内容，自行组织并拟订提纲目录，撰写无线电能传输系统实验的研究报告，要求逻辑合理，层次分明，重点突出。在研究报告中，要充分展示所做的工作，特别是在发现问题和解决问题方面的思路以及所做的创新性工作，充分表达对问题的分析以及通过分析得出的具有指导意义的结论。

4.2　双向 DC/DC 变换器系统实验

4.2.1　双向 DC/DC 变换器工作原理

图 4.30 和图 4.31 分别为降压斩波电路(Buck)和升压斩波电路(Boost)的主电路，由全控功率开关、二极管、电感和电容构成。根据二者的工作原理，主电路中的全控功率开关与二极管始终保持互补开关的规律。如果将全控功率开关和二极管用两个互补的开关代替，可获得如图 4.32 所示的主电路。进一步忽略输入电压和输出电压的区别，当功率由 U_1 流向 U_2 时，电路工作在降压模式，相当于 Buck 变换器；而当功率由 U_2 流向 U_1 时，电路工作在升压模式，相当于 Boost 变换器。因此，图 4.32 可以看成是一个双向 Buck/Boost 变换器。在实际实验中，只需将开关 S_1 和 S_2 用两个全控型功率开关实现，并使其保持互补开关，即可获得双向 Buck/Boost 变换器主电路。

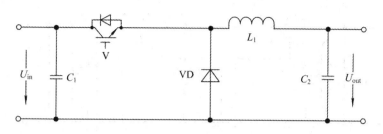

图 4.30　降压斩波电路(Buck)主电路结构

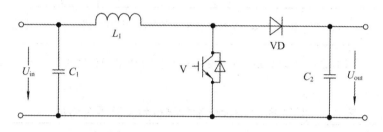

图 4.31　升压斩波电路(Boost)主电路结构

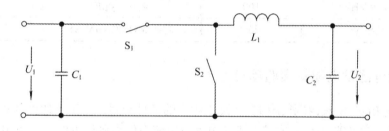

图 4.32　双向 Buck/Boost 变换器主电路结构

4.2.2　双向 Buck/Boost 变换器硬件实验平台

　　双向 Buck/Boost 变换器硬件实验平台总体框图如图 4.33 所示，包含主电路、驱动电路、信号调理电路、核心控制板卡等部分。其中，主电路由两个功率 MOSFET、电感 L_1、电容 C_1 和 C_2 构成，驱动电路由隔离型驱动芯片 Si8235 构成，信号调理电路由集成运算放大器 TL082 构成。核心控制板卡采用多种选择，包含由集成 PWM 控制器构成的模拟控制板卡，由 DSP、单片机构成的微控制器数字控制板卡和快速原型控制器接口板卡三种类型。其中，模拟控制板卡使用 UC3842、SG3525 等经典集成 PWM 控制器实现，用于学习开关变换器的模拟控制实现方法。微控制器数字控制板卡，通过离线编程或者利用 Psim、Matlab、PLECS 等软件代码生成功能实现对主电路的数字控制。快速原型控制器接口板卡可为功率部分的电路提供快速原型控制器的接口，实现开关变换器的控制在环实验。为了满足多种实验应用下的需求，实验平台采用较为宽泛的裕量进行设计，具体电路参数见表 4.3。

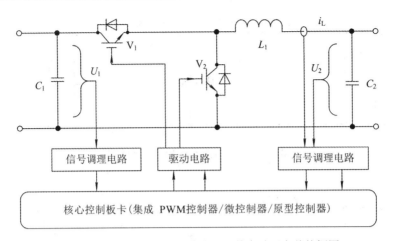

图 4.33　双向 Buck/Boost 变换器硬件实验平台总体框图

表 4.3　双向 Buck/Boost 变换器硬件实验平台参数

降压侧电压 U_1/V	48	电感 L_1/μH	35
升压侧电压 U_2/V	24	电容 C_1/μF	47
开关频率/kHz	100	电容 C_2/μF	330
额定功率/W	200	功率 MOSFET/(V/A)	200/65

4.2.3　光伏电池发电创新实验项目

参考双向 Buck/Boost 拓扑结构在实际工程中的多种应用，基于上述硬件实验平台，可以开展多个创新实验项目。本节以光伏电池发电应用作为典型案例，介绍相关创新实验项目的实施方法。

1. 实验原理

由自身特性决定，光伏电池的输出特性曲线呈现非线性的变化规律。图 4.34 为光伏电池的输出特性曲线，可以看出，随着输出电流的增加，光伏电池的端电压会从开路电压 U_{OC} 开始逐渐减小，且当输出电流接近短路电流 I_{SC} 时，端电压迅速下降。在此过程中，光伏电池的输出功率会达到一个最大功率点(MPP)，对应的端电压为 U_{mpp}。在光伏发电的相关应用中，我们往往希望最大限度地利用光伏电池的电能，即希望光伏电池在最大功率点附近运行。实现这个目标的方法称为最大功率跟踪(MPPT)技术，目前常用的算法有扰动观察法和电导增量法。

为了实现对光伏电池的最大功率跟踪，需要在光伏电池后级加入 DC/DC 变换器，最常用的是 Boost 变换器。因此，只要将双向 Buck/Boost 变换器配置成 Boost 工作模式，将光伏电池接入升压输入侧接口，即可实现光伏电池发电的应用。为了配合 MPPT 跟踪控制方法的实现，Boost 变换器需要采用电压、电流双环控制，具体结构如图 4.35 所示。其中，电压外环根据 MPPT 算法的给定值控制光伏电池的端电压，电流内环控制电感电流，以提高系统动态响应速度。

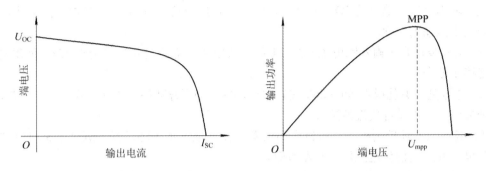

图 4.34　光伏电池输出特性曲线

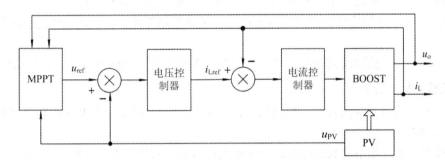

图 4.35　Boost 变换器的 MPPT 控制

2. 系统仿真

(1) 根据双向 Buck/Boost 变换器硬件实验平台参数,升压侧输出电源接 24 V,占空比为 50%,在 Simulink 软件中建立主电路的开环仿真系统,观察关键工作波形,分析主电路的基本工作原理。

(2) 升压侧输出电源接 24 V,降压侧输出电源接 48 V,对主电路采用电流环控制,建立电流控制单闭环仿真系统,观察电流环跟踪控制效果,分析系统工作原理。

(3) 查阅负载扰动法或者电导增量法的相关文献资料,在 Simulink 中搭建 MPPT 的控制算法。

(4) 调用 Simulink 库中的光伏电池模块,或者根据文献资料搭建光伏电池仿真模型,按照表 4.4 设置光伏电池参数。

表 4.4　光伏电池参数

开路电压/V	36	最大功率点电压/V	24
短路电压/V	24	最大功率点电流/A	8.33
最大功率/W	200	温度/°C	25

(5) 将光伏电池模块、MPPT 控制算法模块、主电路模块连接起来,构成整体仿真系统;运行仿真,调整参数,实现对光伏电池最大功率跟踪控制的仿真分析。

3. 系统调试与实验测试

(1) 利用可编程直流电源的光伏电池模拟功能,按照表 4.2 配置光伏电池参数。

(2) 将光伏电池模拟电源连接至可调电阻器，调节可调电阻器阻值，测试光伏电池端电压、输出电流、输出功率数据，绘制端电压-输出电流、输出功率-端电压的曲线，分析光伏电池输出特性。

(3) 实验装置升压输入侧电源连接 24 V 直流电源，降压输入侧连接至 12 Ω 负载电阻，连接示波器。

(4) 通过离线编程或者 Simulink 代码生成功能，编写开环控制程序。调试实验装置，使其开环运行，测试各关键波形。

(5) 编写电流环控制程序，调试实验装置，使其电流单闭环运行，测试电感电流的跟踪效果，并适当优化电流环控制器参数。

(6) 实验装置升压输入侧连接至光伏电池板，输出连接至可调电阻，并调整为 12 Ω。

(7) 编写电压、电流双闭环控制程序及 MPPT 控制算法，调试实验装置，实现对光伏电池的最大功率跟踪控制。改变光照参数，测试系统跟踪性能，并适当优化系统控制参数。

(8) 在 8～15 Ω 范围内调节可调电阻器，观察负载电压的变化规律，并分析原因。

4. **实验分析与报告**

(1) 完成仿真及实验内容后，整理实验波形及数据，根据实验结果分析其合理性，形成书面实验报告。

(2) 根据实验过程中遇到的问题，查阅相关资料确定解决方案，分析验证实验结果，并形成书面报告。

(3) 根据该创新实验，探索与光伏电池相关的新型应用，完成系统设计及方案论证，利用仿真软件和实验平台对方案进行验证，并形成创新课题研究报告。

第 5 章　课程设计指导

"电力电子技术课程设计"是"电力电子技术"课程的一个重要的综合实践环节,旨在培养学生运用"电路""电子技术""电力电子技术""微机原理""控制原理""计算机仿真"等方面的基本理论、基本技能和基本知识,设计一个特定的电力电子电路或系统的能力。通过该教学环节,使学生达到以下几点要求:

(1) 提高查阅文献资料的能力。

(2) 加深对电力电子技术及相关课程知识的理解和运用。

(3) 掌握设计方法和设计步骤,获得工程设计的初步训练,提高解决复杂工程问题的能力。

(4) 提高独立思考、分析和解决实际问题的能力。

(5) 提高在设计过程中运用计算机仿真工具进行辅助分析和辅助设计的能力。

(6) 培养规范绘图和撰写设计说明书的能力。

本章给出四个具体课程设计指导供参考,学生可以独立完成一个设计题目,也可以两三人一组协作共同完成一个设计题目。

5.1　三相电压型 SPWM 逆变器的设计与仿真

5.1.1　设计任务书

1. 设计题目

三相电压型 SPWM 逆变器的设计与仿真。

2. 设计要求及技术参数

1) 设计要求

要求运用所学的电力电子技术以及相关课程知识,查阅资料,完成一个三相工频逆变器的硬件设计,并在 MATLAB/Simulink(或其他仿真平台)下建立仿真模型,进行仿真实验和性能分析,验证所设计逆变器的正确性和合理性。

2) 技术参数

直流输入电压:48 V DC。

额定输出电压:三相交流,线电压 380 V AC。

额定输出电压频率:50 Hz。

额定输出功率：1500 W。

最大三相负载：97 Ω (即负载等效电阻不低于 97 Ω，三相对称)。

输出电压的谐波总畸变率：THD≤3%。

3. 设计任务

(1) 查阅资料，概述三相逆变技术的应用领域及发展趋势。

(2) 查阅资料，确定所设计的 SPWM 电压型逆变器的总体方案，并绘制系统组成结构图。

(3) 主电路形式的确定及元器件的计算和选型。

(4) 隔离及驱动电路的设计。

(5) 调制方案的设计及逆变器仿真实验。

(6) 基于 DSP 的控制电路设计及软件流程设计(选做)。

(7) 撰写并提交设计说明书一份。

(8) 答辩。

5.1.2　设计过程指导

1. 逆变技术发展现状概述

广泛查阅资料，总结逆变器的主要应用领域，并对逆变技术的发展做出简要综述。

2. 逆变器总体方案的确定

根据设计要求，直流输入电压为 48 V，交流侧输出电压要求为工频 380 V，并且对 THD 有要求，因此系统主电路应包括逆变、升压和滤波等单元；控制电路应完成调制过程并输出控制信号，控制信号再经隔离和驱动电路作用于主电路的开关器件。

同学们广泛查阅资料，进行方案的分析与论证，确定所设计的逆变器由哪几部分组成，拟定逆变器的总体方案，绘制系统的组成结构框图。

3. 主电路形式的确定及元器件的计算和选型

(1) 确定主电路各部分方案，绘制主电路的整体电路图。

(2) 主电路参数计算和选型。

① 逆变电路功率开关器件的计算和选型。

计算功率开关器件所能承受的最大电流和电压，考虑安全裕量，选择合适型号的 MOSFET 或 IGBT，或其他开关器件。

② LC 滤波电路的设计及 LC 参数的计算。

③ 升压变压器参数计算，包括一次侧和二次侧电压和电流的计算(给出线电压和线电流)、变比。若采用其他升压方案，需要根据实际方案进行相关参数计算和器件选型。

4. 隔离及驱动电路的设计

在控制电路和逆变器开关器件之间需要加隔离和驱动电路。由于 PWM 信号的频率较高，需要查阅资料选择高速光耦，并论证其合理性，绘制所设计的光耦隔离电路图。

驱动电路可选择 IR 系列的专用集成驱动电路(如 IR2110 或 IR2130 或其他)，进行合理性论证，绘制所设计的驱动电路图。

5. 调制方案的设计及逆变器仿真实验

(1) 查阅资料并进行分析，确定三相逆变器的调制方案。

(2) 在 MATLAB/Simulink 下建立调制算法模型，根据设计的载波频率、调制波频率、调制比等参数对仿真模块进行参数设置，进行仿真；给出载波信号、调制波信号以及产生的 SPWM 控制信号的波形，充分说明所设计的调制算法的正确性。

(3) 根据所设计的主电路，进一步在 MATLAB/Simulink 下建立主电路仿真模型，进行各模块的参数设置，与调制电路模型一起对逆变器进行仿真和调试。

(4) 给出三相逆变电路输出电压的波形(滤波前)，分析其正确性；给出三相电阻负载电压的波形(滤波后)，分析其幅值、频率是否满足设计要求；对比滤波前和滤波后的波形差异。

(5) 对输出电压的 HTD 进行分析，验证其是否满足设计要求。

(6) 进一步讨论影响输出电压 HTD 的因素，并提出改进措施。

(7) 对你感兴趣的问题进一步进行讨论和研究。

6. 基于 DSP 的调制电路设计及软件流程设计(选做)

调制控制电路可采用 DSP 或单片机实现，也可以采用专用的集成正弦脉宽调制器实现，或者用运放以及数字电路根据调制原理设计实现。同学们查阅资料选择设计方案，绘制设计方案硬件原理图，给出所设计的 SPWM 的产生方案，并画出必要的主程序和中断服务程序流程图。

7. 撰写设计说明书

对设计过程和设计结果等进行组织整理，撰写设计说明书，包含以下内容：

```
1. 绪论
2. 逆变器总体方案的确定
3. 主电路设计
4. 隔离及驱动电路设计
5. 调制方案的设计及逆变器仿真实验
6. 基于 DSP 的控制电路及软件流程设计
7. 总结与感想
参考文献
附录：小组成员分工情况说明
```

以上标题可参考作为章标题，根据每章的具体内容自行组织设计小节的二级、三级标题，使整个设计说明书逻辑合理，层次清晰。在设计说明书中要求将方案论证、设计过程、设计结果以及对问题的分析和讨论等内容充分展示，语言要精练。设计说明书中给出的图形、公式、表格要正确、规范，排版整齐。

8. 答辩

制作 PPT 准备答辩。PPT 要展示主要的设计过程、主要的设计结果以及对结果的分析和结论，要求语言简明扼要，重点突出，图文并茂，充分说明设计的合理性和正确性。

5.2　30 W 单路输出反激式电源适配器

5.2.1　设计任务书

1. 设计题目
30 W 单路输出反激式电源适配器。

2. 设计要求及技术参数

1) 设计要求

运用电力电子及相关知识，设计一个 30 W 单路输出反激式电源适配器。首先，通过查阅资料，概述反激变换器的发展趋势及应用领域，总结反激变换器的工作原理。其次，详细阅读 LNK6766E 电源管理芯片的应用手册，理解其工作原理；参考应用手册，确定电路整体方案，对输入整流和滤波、LinkSwitch-HP 初级、输出整流、外部电流限流点设置等电路部分进行具体设计，包含电路结构与器件选型。最后，在 MATLAB 下建立反激变换器仿真模型，进行仿真实验。

2) 技术参数

交流输入电压：90～265 V AC。

额定直流输出电压：12 V DC。

额定输出功率：30 W。

3. 设计任务

(1) 查阅资料，概述反激变换器的发展趋势及应用领域。

(2) 查阅资料，总结反激变换器的工作原理。

(3) 详读 LNK6766E 电源管理芯片的应用手册，理解其工作原理。

(4) 查阅资料，确定电路整体方案。

(5) 参考应用手册，对输入整流和滤波、LinkSwitch-HP 初级、输出整流、外部电流限流点设置等电路部分进行具体设计，包含电路结构与器件选型。

(6) 在 MATLAB 下建立反激变换器仿真模型，进行仿真实验。

(7) 撰写并提交设计说明书一份。

5.2.2　设计过程指导

1. 反激电源发展现状概述
广泛查阅资料，概述反激电源的应用领域及发展趋势，对反激变换技术的发展做出简要的综述。

2. 反激电源的工作原理
查阅《电力电子技术》教材及课件，或自查相关文献。

3. LNK6766E 电源管理芯片的工作原理

LNK6766E 电源管理芯片的内部结构如图 5.1 所示，由功率 MOSFET、振荡器、触发器、调节器等单元组成。其中，功率 MOSFET 为一个集成的功率开关管，可作为反激电路的主开关。振荡器和触发器单元实现 PWM 调制功能，对调制信号与载波信号进行比较，生成 PWM 信号。调节器部分可构成 PID 控制器，实现闭环控制。工作时，调节器部分结合给定和反馈信号，实时调节输出调制信号的大小；振荡器和触发器单元则根据调节器输出的调制信号，调整 PWM 信号占空比；功率 MOSFET 根据 PWM 驱动信号占空比的变换，控制主电路的电能转换。

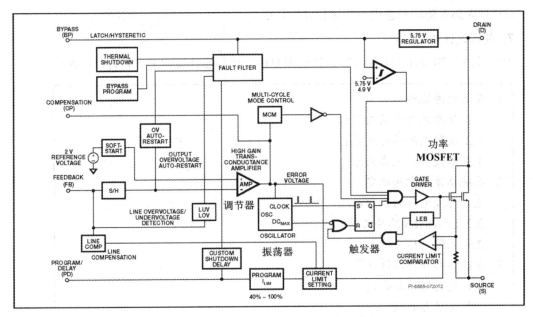

图 5.1 LNK6766E 电源管理芯片内部结构

4. 总体方案的确定

根据设计要求，交流输入电压为 90～265 V AC，直流侧输出电压要求为 12 V DC，输出功率为 30 W。因此，系统主电路应该包含整流和滤波、变压器原边斩波电路、变压器副边输出整流滤波电路；控制电路主要是采样电路和 LNK6766E 芯片的外围电路。

同学们广泛查阅资料，进行方案的分析与论证，确定所设计的反激电源由哪几部分组成，并拟定反激电源的总体方案，绘制系统的组成结构框图。

5. 主电路形式的确定及元器件的计算和选型

(1) 确定主电路各部分方案并绘制主电路的整体电路图。

(2) 主电路参数计算和选型。

① 输入整流滤波电路的参数计算和选型。根据输入交流电压范围和变换器输出功率，计算整流二极管所能承受的最大电流和电压，确定安全裕量，选择合适型号的整流二极管。查阅资料，确定过载倍数，选择滤波电容的值。

② 变压器原边斩波电路参数设计。确定变压器副边的反射电压及原边峰值电流，要留有一定裕量，计算功率 MOSFET 所能承受的最大电压。电流可根据输出电流粗略估计，

需留有较大裕量。

③ 变压器副边高频整流电路参数设计。根据副边整流二极管承受电压为变压器原边最大电压与副边输出电压之和，确定副边整流二极管的额定电压。电流可根据输出电流确定，要留有较大裕量。

6. 反激电源设计方案仿真验证

(1) 在 MATLAB/Simulink 软件中建立反激变换器电路模型。

(2) 通过仿真观察各关键点波形，包含输出电压波形、输出电压纹波、变压器原边电压波形、原副边电流波形等，验证所设计方案的合理性和正确性。

(3) 对你感兴趣的问题进一步进行讨论和研究。

7. 撰写设计说明书

对设计过程和设计结果等内容进行组织整理，撰写设计说明书，包含以下内容：

```
1. 反激电源概述
   1.1 反激式电源的应用领域
   1.2 反激电源的发展现状
   1.3 本设计的主要内容
2. 系统总体方案的确定
   2.1 反激电路的工作原理
   2.2 LNK6766 芯片工作原理
   2.3 系统总体方案
3. 系统各部分电路设计
   3.1 整流输入与滤波
   3.2 变压器初级
   3.3 吸收电路
   3.4 输出整流电路
4. 系统的 MATLAB 仿真及分析
5. 总结与体会
6. 参考文献
```

按照以上大纲撰写设计说明书，要求逻辑合理，层次清晰。在设计说明书中，要求将方案论证、设计过程、设计结果以及对问题的分析和讨论等内容充分展示，语言要精练。设计说明书中给出的图形、公式、表格要正确、规范，排版整齐。

8. 答辩

制作 PPT 准备答辩。PPT 要展示主要的设计过程、主要的设计结果以及对结果的分析和结论，要求语言简明扼要，重点突出，图文并茂，充分说明设计的合理性和正确性。

5.3 直流电动机调压调速可控整流电源设计

5.3.1 设计任务书

1. 设计题目

直流电动机调压调速可控整流电源设计。

2. 设计要求及技术参数

1) 设计要求

运用电力电子及相关知识，根据给出的直流电动机参数及设计指标要求，采用晶闸管可控整流电路设计一个直流电动机调压调速可控直流电源，并在 MATLAB 下建立直流电动机调压调速电源系统的仿真模型，通过仿真对设计方案进行分析，并对设计指标进行达成验证。

2) 技术参数

(1) 已知数据。

① 电动机参数。

型号：Z2-111(Z2 系列外通风他励直流电动机)；

功率：$P = 100 \text{ kW}$；

额定电压：$U_N = 220 \text{ V}$；

额定电流：$I_N = 511 \text{ A}$；

额定转速：$n_N = 1000 \text{ r/min}$；

效率：$\eta = 89.5\%$；

最大励磁功率：$P_f = 1150 \text{ W}$；

飞轮转矩：$GD^2 = 20.4 \text{ kg} \cdot \text{m}^2$；

他励电压 $U_f = 220 \text{ V}$；

过载能力：$\lambda = 1.5$。

② 车间电源：三相 380 V AC，50 Hz。

(2) 指标要求。

① 直流输出电压：50～220 V。

② 直流输出电流：稳态工作时，最大输出电流为电动机的额定电流，最低电流为电动机额定电流的 20%；起动过程中的最大电流为电动机额定电流的 λ 倍。

③ 输出电流脉动系数：输出最低电流时，输出电流的脉动系数 $S_i < 10\%$。(注：电流的脉动系数定义为最低频交流电流分量与电流的直流分量之比。)

3. 设计任务

(1) 确定总体方案，绘制系统组成结构图。

(2) 确定主电路的形式，绘制主电路原理图。

(3) 电枢整流变压器的参数计算。

(4) 晶闸管的参数计算与选型。

(5) 平波电抗器的参数计算。

(6) 晶闸管触发电路设计。

(7) 对所设计的系统进行仿真和分析，并验证是否达到设计指标要求。

(8) 撰写并提交设计说明书一份。

(9) 答辩。

5.3.2 设计过程指导

1. 确定总体方案，绘制系统组成结构图

广泛查阅资料，进行方案的分析与论证，确定所设计的可控整流电源由哪几部分组成，确定系统的总体方案，绘制系统的组成结构框图。

2. 确定主电路的形式，绘制主电路原理图

(1) 认真阅读已知数据及设计指标要求，注意电动机的容量较大，且对输出电流的脉动率有要求等，确定合理的可控整流电路形式(例如单相整流电路、三相半波整流电路、三相全控桥式整流电路)，要求进行方案论证，说明选择的理由。

(2) 三相变压器有多种接线方式，设计的电枢整流变压器选择的是哪种方式，说明理由。

(3) 绘制所设计的主电路原理图。

3. 电枢整流变压器的参数计算

根据整流输出电压和电流的要求，计算变压器一次侧线电压线电流、二次侧线电压线电流以及变压器的视在功率。注意按照稳态工作时的最大输出电流确定变压器的额定电流。

4. 晶闸管的参数计算与选型

根据晶闸管在正常工作中所能承受的最大电压和电流并考虑安全裕量，计算晶闸管的额定电压和额定电流，选择晶闸管的型号。注意此时的最大输出电流的计算方法？

5. 平波电抗器的参数计算

(1) 阅读资料，总结主电路中串联平波电抗器的作用。

(2) 平波电抗器的设计需要计算两个参数：平波电抗器的电感量和平波电抗器导线的载流量。设计原则：

① 按轻载时的电流连续或按电流脉动的要求，选择电抗器的电感量。

② 按最大负载时的电流，确定电抗器导线的载流量。

根据指标要求"输出最低电流时，输出电流的脉动系数 $S_i < 10\%$"，而输出电压的最大脉动出现在 $\alpha = 90°$，结合你设计的整流电路形式及变压器等参数，计算满足指标要求的总电感量，然后再减去电动机的电枢电感和变压器的漏感，即为平波电抗器的电感量(为简化设计可暂不考虑电枢电感和变压器漏感)。

平波电抗器的额定电流按"电源的稳态最大输出电流乘以 1.2 倍的系数"计算，其中系数 1.2 为有效值与平均值之比。

6. 晶闸管触发电路设计

查阅资料，选择整流电路的集成触发芯片，绘制触发电路连接图。

7. 对所设计的系统进行仿真和分析，并验证是否达到设计指标要求

Simulink 所提供的 Simcape 模块库提供了常见的电力电子元件，可方便地进行电力电子电路搭建、仿真参数设置以及仿真结果分析。

(1) 调用该元件库中的元件，对所设计的主电路及励磁电路进行搭建(励磁电源也可直接采用直流电源模块)。触发器可使用元件库中的触发脉冲模块，电机可使用物理模型(DC Machine)。

(2) 在要求的调压范围内，给出不同触发角(至少取三组)时输出电压和输出电流瞬时波形仿真曲线，并对仿真结果进行分析。

(3) 通过仿真，分析平波电抗器电感量的大小对电枢电流脉动和电动机转矩脉动的影响。

(4) 对给出的输出电压调整范围、电流范围以及电流脉动率等设计指标进行仿真验证，充分说明所设计的系统达到了指标要求。如果某些指标未达到要求，应分析原因，并考虑应该调整哪些参数。

(5) 对你感兴趣的问题进一步进行讨论和研究

8. 撰写设计说明书

对设计过程和设计结果等内容进行组织整理，撰写设计说明书，包含以下内容：

```
1. 直流电动机调压调速电源概述
2. 可控整流电源总体方案的确定
3. 主电路设计
    3.1 主电路方案设计
    3.2 电枢整流变压器的参数计算
    3.3 晶闸管的参数计算与选型
    3.4 平波电抗器的参数计算
4. 晶闸管触发电路设计
5. 仿真与指标验证
6. 总结与体会
参考文献
附录：小组成员分工情况说明
```

以上标题仅作为参考，可根据自己的设计内容自行组织设计章标题以及小节的二级、三级标题，整个设计说明书要求逻辑合理，层次清晰。设计说明书要求将方案论证、设计过程、设计结果以及对问题的分析和讨论等内容充分展示，语言要精练。设计说明书中给出的图形、公式、表格要正确、规范，排版整齐。

9. 答辩

制作 PPT 准备答辩。PPT 要展示主要的设计过程、主要的设计结果以及对结果的分析和结论，要求语言简明扼要，重点突出，图文并茂，充分说明设计的合理性和正确性。

5.4　半桥 DC-DC 开关电源的设计

5.4.1　设计任务书

1. 设计题目
半桥 DC-DC 开关电源的设计。

2. 设计要求及技术参数
1) 设计要求

运用电力电子及相关知识，设计一个半桥式 DC-DC 开关电源。首先查阅资料，概述半桥式 DC-DC 开关电源的发展趋势及应用领域，总结半桥式 DC-DC 变换器的工作原理；其次，完成半桥 DC-DC 开关电源的主电路设计及参数选择，完成控制电路的设计；最后，在 MATLAB 下建立 DC-DC 变换器开环仿真模型，进行仿真实验，通过仿真对设计方案进行验证和分析。

2) 技术参数

交流输入电压：三相 660 V AC。

额定直流输出电压：230 V DC/127 V DC/600 V DC。

额定功率：5 kW。

3. 设计任务
(1) 查阅资料，概述半桥 DC-DC 开关电源的发展趋势及应用领域。

(2) 查阅资料，分析半桥 DC-DC 变换器的拓扑结构及工作原理，确定总体设计方案。

(3) 完成主电路参数计算与元器件选型。

(4) 完成控制电路设计。

(5) 在 MATLAB 下建立半桥 DC-DC 开关电源开环仿真模型，进行仿真实验，分析仿真结果。

(6) 撰写并提交设计说明书一份。

5.4.2　设计过程指导

1. 半桥 DC-DC 开关电源发展概述
广泛查阅资料，总结半桥 DC-DC 开关电源的主要应用领域，并对半桥 DC-DC 变换器的作用做出简要说明，对半桥 DC-DC 变换技术的发展进行简要综述。

2. 半桥 DC-DC 变换器的工作原理
查阅《电力电子技术》教材及课件，或自查相关文献。

3. 半桥 DC-DC 开关电源总体方案的确定
根据设计要求，交流输入电压为 660 V AC，直流侧输出电压要求为 230 V DC/127 V DC/

600 V DC。因此，系统主电路应包含三相二极管不可控整流电路、储能及滤波的电容、变压器原边半桥逆变电路、副边二极管不可控整流电路和高频变压器，控制电路主要是 PWM 控制芯片 SG3525 和驱动芯片 M57962L 的外围电路。

广泛查阅资料，进行方案分析与论证，确定所设计的半桥 DC-DC 开关电源由哪几部分组成，并制定反激电源的总体方案，绘制系统的组成结构框图。

4. 主电路形式的确定及元器件的计算和选型

(1) 确定主电路各部分方案，绘制主电路的整体电路图。

(2) 主电路参数计算和选型。

① 三相二极管桥式不可控整流电路参数计算。

根据输入交流电压和变换器输出功率计算整流二极管所能承受的最大电流和电压，考虑安全裕量，选择合适型号的整流二极管。查阅资料，考虑过载倍数，选择滤波电容的值。

② 变压器原边半桥逆变电路参数计算。

考虑变压器副边的电压及原边峰值电流，留有一定裕量，计算变压器原边半桥逆变电路中各功率开关管所能承受的最大电压。电流可根据输出电流粗略估计，需留有较大裕量。

③ 变压器副边高频整流电路参数计算。

分析变压器副边整流二极管所能承受的最大电压，确定副边整流二极管的额定电压。电流可根据输出电流确定，并要留有较大裕量。根据输出功率和输出电压纹波要求，计算输出滤波电容的参数。

④ 高频变压器参数设计。

根据变压器原副边电压、电流参数，确定高频变压器的变比与功率等级。

(3) 控制电路设计。

查阅 PWM 控制芯片 SG3525 和驱动芯片 M57962L 的工作原理，完成其外围电路的参数设计。

5. 半桥 DC-DC 开关电源设计方案仿真验证

(1) 在 MATLAB/Simulink 软件中建立半桥 DC-DC 开关电源电路模型。

(2) 通过仿真观察各关键点输出电压波形、输出电压纹波、变压器原边电压波形、原副边电流波形等。

(3) 对你感兴趣的问题进行进一步的讨论和研究

6. 撰写设计说明书

对设计过程和设计结果等内容进行组织整理，撰写设计说明书，包含以下内容：

```
1. 半桥 DC-DC 开关电源综述
    1.1 研究背景及意义
    1.2 开关电源的研究现状
    1.3 设计的主要内容安排
2. 半桥 DC-DC 开关电源的拓扑结构及工作原理
```

> 2.1 半桥 DC-DC 开关电源的拓扑结构
>
> 2.2 半桥 DC-DC 开关电源的工作原理
>
> 3 半桥 DC-DC 开关电源的主电路设计
>
> 　3.1 三相二极管桥式不可控整流电路设计
>
> 　3.2 变压器原边半桥逆变电路设计
>
> 　3.3 变压器副边高频整流电路设计
>
> 　3.4 高频变压器的设计
>
> 4 半桥 DC-DC 开关电源的控制电路设计
>
> 5 半桥 DC-DC 开关电源的仿真及结果分析
>
> 6. 总结与体会
>
> 7. 参考文献

以上标题可参考作为章标题，根据每章的具体内容自行组织设计小节的二级、三级标题，整个设计说明书要求逻辑合理，层次清晰。设计说明书要求将方案论证、设计过程、设计结果以及对问题的分析和讨论等内容充分展示，语言要精练。设计说明书中给出的图形、公式、表格要正确、规范，排版整齐。

7. 答辩

制作 PPT 准备答辩。PPT 要展示主要的设计过程、主要的设计结果以及对结果的分析和结论，要求语言简明扼要，重点突出，图文并茂，充分说明设计的合理性和正确性。

附　录

附录A　DS1102E数字示波器使用说明

1. DS1102E数字示波器简要说明

　　普源精电(RIGOL)DS1102E 示波器是一款双通道加一个外部触发输入通道的数字示波器，其面板如图 A.1 所示。示波器提供双模拟通道输入，最大 1GSa/s 实时采样率，25 GSa/s 等效采样率，每通道带宽 100 MHz；16 个数字通道，可独立接通或关闭；5.6 英寸 64k 色 TFT LCD，波形显示更加清晰；自动测量 22 种波形参数，具有自动光标跟踪测量功能；内嵌 FFT 功能，拥有 4 种实用的数字滤波器：LPF，HPF，BPF，BRF；多重波形数学运算功能；波形显示可以自动设置；支持 U 盘及本地存储器的文件存储；具有边沿、脉宽、视频、斜率、交替、码型等强大的触发和分析能力，可帮助用户更快、更细致地观察、捕获和分析波形。

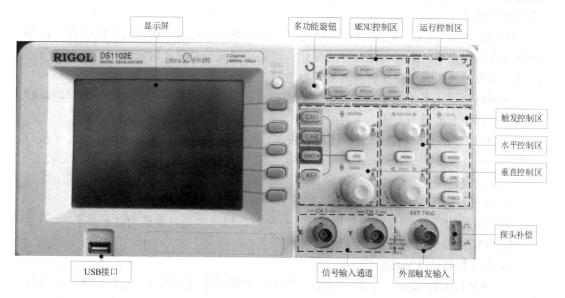

图 A.1　DS1102E 数字示波器面板示意图

1) MENU 控制区

　　Measure：自动测量功能键。使用该按键，系统将显示自动测量操作菜单。示波器提供 22 种自动测量的波形参数，包括 10 种电压参数：峰峰值、最大值、最小值、顶端值、底端值、幅值、平均值、均方根值、过冲、预冲；12 种时间参数：频率、周期、上升时间、下降时间、正占空比、负占空比、延迟 1→2↗、延迟 1→2↘、相位 1→2↗、相位 1→2↘、正脉宽和负脉宽。

Acquire：采样系统的功能按键。使用该按键，系统将弹出采样设置菜单，通过菜单控制按钮，可调整波形获取方式和采样方式。获取方式可设定为"普通""平均""峰值检测"三种，采样方式可设定为"实时采样""等效采样"两种。选取不同的获取方式和采样方式，可得到不同的波形显示效果：

(1) 期望减少所显示信号中的随机噪声，可选用平均采样方式；

(2) 期望观察信号的包络，避免混淆，可选用峰值检测方式；

(3) 观察单次信号，可选用实时采样方式；

(4) 观察高频周期性信号，可选用等效采样方式。

Storage：存储系统的功能按键。通过该按键可以对示波器内部存储区和 USB 存储设备上的波形和设置文件进行保存和调出操作，也可以对 USB 存储设备上的波形文件、设置文件、位图文件以及 CSV 文件进行新建和删除操作(注：可以删除仪器内部的存储文件，或将其覆盖)。操作的文件名称支持中英文输入。

Cursor：光标测量功能按键。光标模式允许用户通过移动光标进行测量，使用前首先应将信号源设定成所要测量的波形。光标测量分为 3 种模式。

(1) 手动模式：出现水平调整或垂直调整的光标线。通过旋动多功能旋钮(◯)，手动调整光标的位置，示波器同时显示光标点对应的测量值。

(2) 追踪模式：水平与垂直光标交叉构成十字光标。十字光标自动定位在波形上，通过旋动多功能旋钮(◯)，可以调整十字光标在波形上的水平位置，示波器同时显示光标点的坐标。

(3) 自动测量模式：在自动测量模式下，系统会显示对应的电压或时间光标，以揭示测量的物理意义。系统根据信号的变化，自动调整光标位置，并计算相应的参数值。注意：这种方式在未选择任何自动测量参数时无效。

Display：显示系统的功能按键。使用该按键，弹出显示系统设置菜单，通过菜单控制按键可调整波形显示方式。

Utility：辅助系统功能按键。使用该按键，弹出辅助系统功能设置菜单，可对接口设置、声音、频率计、Language、通过测试、波形录制、打印设置、参数设置、自校正、系统信息、键盘锁定等功能进行设置。

2) 运行控制区

AUTO(自动设置)：自动设定仪器各项控制值，以产生适宜观察的波形显示。

RUN/STOP (运行/停止)：运行和停止波形采样。

3) 垂直控制区(VERTICAL)

◎ POSITION 旋钮：旋动该按钮，不仅能改变通道信号的垂直显示位置，还能作为设置通道垂直显示位置恢复到零点的快捷键。

◎ SCALE 旋钮：改变"Volt/div(伏/格)"垂直挡位，按下该旋钮可作为设置输入通道的粗调/微调状态的快捷键，调节该旋钮可粗调/微调垂直挡位。

CH1 或 CH2：信号输入通道功能按键。按下该按键，系统显示相应通道的操作菜单，可实现通道耦合方式、带宽、数字滤波、档位调节、反相等功能设置。

MATH：显示 CH1、CH2 通道波形相加、相减、相乘以及 FFT 运算的结果。数学运算结果可通过栅格或游标进行测量。

REF：实际测试过程中，通过数字示波器测量、观察有关组件的波形，可以对波形和参考波形样板进行比较，从而判断故障原因。此法在具有详尽电路工作点参考波形条件下尤为适用。

4) 水平控制区(HORIZONTAL)

◎ POSITION 旋钮：旋动该按钮可以调整信号在波形窗口的水平位置，按下该旋钮可以使触发位移(或延迟扫描位移)恢复到水平零点处。

◎ SCALE 旋钮：改变"s/div(秒/格)"水平档位，水平扫描速度从 2 ns～50 s，以 1-2-5 的形式步进。按下此按钮可切换到延迟扫描状态。

5) 触发控制区(TRIGGER)

◎ LEVEL 旋钮：触发电平设定触发点对应的信号电压，按下此旋钮使触发电平立即归零。

MENU：触发设置菜单按键。

50%：将触发电平设定在触发信号幅值的垂直中点。

FORCE：强制产生一个触发信号，主要应用于触发方式中的"普通"和"单次"模式。

6) 信源

DS1102E 数字示波器可以从输入通道(CH1、CH2)和外部触发通道(EXT TRIG)获取多种信源。

7) 探头补偿

在首次将探头与任一输入通道连接时，进行探头补偿调节，使探头与输入通道匹配。未经补偿或补偿偏差的探头会导致测量误差或错误。具体步骤如下：① 将示波器中探头菜单衰减系数设定为 10X，将探头上的开关设定为 10X，并将示波器探头与通道 1 或 2 连接；② 将探头端部与探头补偿器的信号输出连接器相连，基准导线夹与探头补偿器的地线连接器相连，打开通道 1 或 2，然后按下 AUTO 键，检查所显示波形的形状，如图 A.2 所示。如必要，用非金属质地的改锥调整探头上的可变电容，直到屏幕显示的波形是"补偿正确"状态。

补偿过度　　　　　补偿正确　　　　　补偿不足

图 A.2　探头补偿调节

2. DS1102E 数字示波器使用注意事项

(1) 使用前，应确保电网电压与示波器要求电源电压一致。

(2) 示波器通过电源的接地导线接地。为避免电击，接地导体必须与地相连。在连接示波器的输入或输出端之前，务必正确接地。

(3) 示波器的两个探头地线通过示波器外壳短接，故在使用时，必须是两个探头的地线同电位(只用一根地线即可)，以免造成短路事故。

(4) 显示波形时，亮度不宜过亮，以延长示波器使用寿命。

(5) 观测波形时，应尽量在显示屏中心区域进行，以减小测量误差。

(6) 被测信号电压的数值不应超过示波器允许的最大输入电压。

(7) 调节开关、旋钮、按键，请勿接触外漏的探头和元件。

(8) 探头和示波器应配套使用，不能互换，否则可能导致误差或波形失真。

附录 B　VC890D 数字万用表使用说明

1. VC890D 数字万用表简要说明

VC890D 数字万用表采用 28 mm 字高 LCD 显示器，读数清晰，更加方便使用，如图 B.1 所示。此仪表可用来测量直流电压和交流电压、直流电流和交流电流、电阻、电容、伴随频率、二极管、三极管、通断测试、自动关机开启与关闭，背光功能等参数。

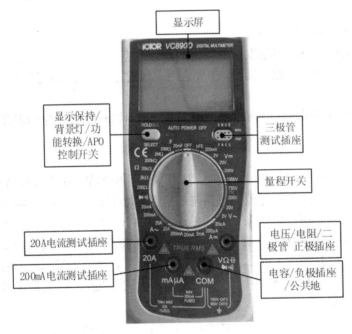

图 B.1　VC890D 数字多用表面板示意图

2. VC890D 数字万用表使用注意事项

(1) 各量程测量时，禁止输入超过量程的极限值。

(2) 36 V 以下的电压为安全电压，在测高于 36 V 直流、25 V 交流电压时，要检查表笔是否可靠接触，是否正确连接，是否绝缘良好等，以避免电击。

(3) 切换功能和量程时，表笔应离开测试点。

(4) 选择正确的功能和量程，谨防误操作。

(5) 在电池没有装好和后盖没有上紧时，不要使用此表进行测试工作。

(6) 测量电阻、电容、二极管、通断测试，请勿输入电压信号。

(7) 在更换电池或保险丝前，应将测试表笔从测试点移开，并关闭电源开关。

参 考 文 献

[1] 张波，黄润鸿，疏许健. 无线电能传输原理[M]. 北京：科学出版社，2018.

[2] 范兴明，莫小勇，张鑫. 无线电能传输技术的研究现状与应用[J]. 中国电机工程学报, 2015, 35(10): 2584-2600.

[3] KURS A, KARALIS A, MOFFATT R, et al. Wireless Power Transfer via Strongly Coupled Magnetic Resonances[J]. Science, 2007, 317(5834): 83-86.

[4] 杨庆新，陈海燕，徐桂芝，等. 无接触电能传输技术的研究进展[J]. 电工技术学报, 2010, 25(7): 6-13.

[5] 贾金亮，闫晓强. 磁耦合谐振式无线电能传输特性研究动态[J]. 电工技术学报, 2020, 35(20): 4217-4229.

[6] 张波，疏许健，黄润鸿，感应和谐振无线电能传输技术的发展[J]. 电工技术学报, 2017, 32(18): 3-17.

[7] BERND S, KAI C. Microwave power transmission：historical milestones and system components[J]. Proceedings of the IEEE, 2013, 101(6): 1379-1396.

[8] SUSUMU S, KOJI T, KEN-ICHIRO M. Microwave power transmission technologies for solar power satellites[J]. Proceedings of the IEEE, 2013, 101(6): 1438-1447.

[9] SCHAFER C A, GRAY D. Transmission media appropriate laser-microwave solar power satellite system[J]. Elsevier Acta Astronautica, 2012, 79: 140-156.

[10] BORIS E C, ROMAN A E, VICTOR P L, et al. Remote electric power transfer between spacecrafts by infrared beamed energy[J]. AIP Conference Proceedings, 2011, 1402: 489-496.

[11] 黄学良，王维，谭林林. 磁耦合谐振式无线电能传输技术研究动态与应用展望[J]. 电力系统自动化, 2017, 41(2): 2-14,141.

[12] HAMAM R E, KARALIS A, JOANNOPOULOS J D, et al. Efficient weakly-radiative wireless energy transfer: An EIT-like approach[J]. Annals of Physics, 2009, 324(8): 1783-1795.

[13] AHN D, HONG S. A study on magnetic field repeater in wireless power transfer [J]. Industrial Electronics, IEEE Transactions on, 2013, 60(1): 360-371.

[14] 任立涛. 磁耦合谐振式无线能量传输功率特性研究[D]. 哈尔滨：哈尔滨工业大学, 2009.

[15] 赵争鸣，张艺明，陈凯楠. 磁耦合谐振式无线电能传输技术新进展[J]. 中国电机工程学报, 2013, 33(3): 1-13.

[16] 孙跃，张欢，唐春森，等. LCL 型非接触电能传输系统电路特性分析及参数配置方法[J]. 电力系统自动化, 2016，40(8)：103-107.

[17] VU V B, TRAN D H, CHOI W. Implementation of the Constant Current and Constant Voltage Charge of Inductive Power Transfer Systems with the Double-Sided LCC

Compensation Topology for Electric Vehicle Battery Charge Applications[J]. IEEE Transactions on Power Electronics, 2017: 1-1.

[18]　石坤宏，程志江，王维庆，等. 三种谐振式无线电能传输系统的电路法模型及其特性[J/OL]. 高电压技术. https://doi.org/10.13336/j.1003-6520.hve.20200533.

[19]　周宏威，孙丽萍，王帅，等. 磁耦合谐振式无线电能传输系统谐振方式分析[J]. 电机与控制学报，2016, 20(7): 65-73.

[20]　邱毅，无线电能传输系统的最大效率跟踪[D]. 青岛：青岛科技大学，2019.

[21]　高玉青. 磁谐振式无线电能传输系统特性研究与系统设计[D]. 杭州：浙江大学，2017.

[22]　陈浩然. 磁耦合谐振式无线电能传输系统的最大功率跟踪[D]. 青岛：青岛科技大学，2019.

[23]　贾新章，游海龙，高海霞，等. 电子线路 CAD 与优化设计：基于 Cadence/PSpice[M]. 北京：电子工业出版社，2014.

[24]　TEXAS INSTRUMENTS Application Report SLUA274A. UCC38C44 12-V Isolated Bias Supply. 2008,10.

[25]　王兆安，刘进军. 电力电子技术[M]. 北京：机械工业出版社，2018.

[26]　杨国安. 运动控制系统综合实验教程[M]. 西安：西安交通大学出版社，2016.

[27]　邹甲，赵峰，王聪. 电力电子技术 MATLAB 仿真实践指导及应用[M]. 北京：机械工业出版社，2018.

[28]　周京华，张贵辰，章小卫. 电力电子技术与运动控制系统综合实验教程[M]. 北京：中国水利水电出版社，2014.

[29]　王鲁杨，王禾兴，等. 电力电子技术实验指导书[M]. 2 版. 北京：中国电力出版社，2017.